菜根谭

卷三

〔明〕洪应明 著
史晓东 编译

【原文】

二〇八 用人不宜刻，刻则思效者去；交友不宜滥，滥则贡谀者来。

【译文】

对待下属要宽宏大度，不应过分严厉刻薄，如果太刻薄，即使想为你效力的人也会设法离去；结交朋友要选择而不要滥交，如果滥交，那些善于逢迎献媚的人就会设法接近。

【原文】

二〇九 风斜雨急处，要立得脚定，花浓柳艳处，要着得眼高，路危径险处，要回得头早。

【译文】

在时局动乱中，要把握住自己，有坚定的立场，才不至于被狂涛巨浪所吞噬；面对鲜花争艳、柳色迷人的美景，不要被眼前的景色所陶醉；在误入迷途，身陷险地的时候，要知道早日回头。

【原文】

二一〇 节义之人济以和衷，才不启忿争之路；功名之士承以谦德，方不开嫉妒之门。

【译文】

一个崇尚节操、讲究义气的人，应加强培养和善恭顺的品性，才能避免和别人争强斗胜；一个功成名就的人，应当注意培养谦虚谨慎、含而不露的品德，才不会招致人们嫉妒。

【品读】

得让人处且让人，事事留有余地，才能在与人相处中不结仇、不结怨、不吃亏。相反，事事争先、目空一切，每次都要居人之上，必然会遭人嫉妒，隐忍记恨，给自己带来祸患。所以，《菜根谭》提醒人们，和衷才能少争，谦德方能少妒。

如果想要得到长久的快乐，获得更大的成功，就应该豁达一点，少些欲念，多些忍让，不必把一点小患小利看得过重，也不必对每一件事都过于计较。适时糊涂，生活就会轻松不少，生命中也会有更多的快乐与幸福。五代时的冯道，就是这样一个难得糊涂的清醒之人。

冯道曾事四姓、相六帝，在世事变乱的八十余年中，始终不倒，令人称奇。

首先，此人清廉、严肃、淳厚、宽宏；其次，他深谙中庸处世之道，中正平和，大智若愚。

冯道有诗云：『莫为危时便怆神，前程往往有期因。须知海岳归明主，未必乾坤陷吉人。道德几时曾去世，舟车何处不通津。但教方寸无诸恶，狼虎丛中也立身。』

冯道能够在乱世之中屹立不倒正得益于他和衷少争的智慧。和衷少争，是一种老谋深算的清醒，也是卧薪尝胆的大度，更是一种心中有数的正派。和衷少争，不是那种与世无争的软弱，而是退一步海阔天空的豁达；不是明哲保身的逃避，而是让三分风平浪静的睿智；不是苟且偷生的迂腐，而是真金不怕火炼的坚贞。

除了和衷少争之外，谦德少妒也是一种处世智慧。深谙此道可以明哲保身，否则，很容易给自己惹来祸患。

春秋时期，郑庄公准备伐许。战前，他先在国都组织比赛，挑选先行官。将士们一听露脸立功的机会来了，都跃跃欲试，准备一显身手。

首先进行的是击剑格斗，将士们都使出了浑身本领，争先恐后。经过轮番比试，选出六个人参加下一轮射箭比赛。在射箭项目上，取胜的六名将领各射三箭，射中靶心者为胜。最后颍考叔与公孙子都打了个平手。可先行官只有一位，所以，他们俩还得进行一次比赛。后来，庄公派人拉出一辆战车来，说：『你们二人站在百步开外，同时来抢这部战车。谁抢到手，谁就是先行官。』公孙子都轻蔑地看了颍考叔一眼，哪知跑到一半时，公孙子都一不小心，脚下一滑，跌了个跟头。等爬起来时，颍考叔已抢车在手。公孙子都当然不服气，于是提了长戟就来夺车。颍考叔一看，拉起车就飞跑出去，庄公忙派人阻止，并宣布颍考叔为先行官。公孙子都因此对颍考叔怀恨在心。

战争开始了，颍考叔果然不负庄公所望，在进攻许国都城时，手举大旗率先从云梯冲上许都城头。眼看颍考叔就要大功告成，公孙子都记起前事，竟抽出箭来，搭弓向城头上的颍考叔射去，一下子把没有防备的颍考叔射死了。

人生就是这样，不要把自己看得太重要，应该适时隐藏锋芒。过于锋芒毕露，难免会遮挡别人的光芒，遭到别人的记恨。许多灾祸都是在不知不觉之中酝酿的。

【原文】

二二一　士大夫居官，不可竿牍①无节，要使人难见，以杜幸端；居乡，不可崖岸②太高，要使人易见，以敦旧好。

【注释】

①竿牍：即简牍，指书信。

②崖岸：比喻高傲。

【译文】

士大夫在朝为官的时候，与人交往要有节制，对外人应严肃恭谨，以杜绝那些投机取巧奔走钻营的人生出各种事端。当隐居田园乡间之后，要平易近人，不能再摆官架子，让人觉得高不可攀，要和蔼可亲，和乡里父老打成一片，加深同亲朋故友的感情。

【原文】

二一二　大人①不可不畏，畏大人则无放逸之心；小民亦不可不畏，畏小民则无豪横之名。

【注释】

①大人：圣人，德才超群的人。

【译文】

对于道德修养高深的人，不可不抱敬畏的态度，有了这种敬畏之心，就不会有放任自流、贪图安逸的思想；对于平民百姓，也不可不抱有敬畏的态度，有了这种敬畏心理，就不会有强横、野蛮的恶名。

【原文】

二一三　事稍拂逆，便思不如我的人，则怨尤自消；心稍怠荒，便思胜似我的人，则精神自奋。

【译文】

遇到困境或不顺心的事，想想那些不如自己的人，这样就不会怨天尤人了；事业如意而精神松懈时，想想那些在各方面比自己强的人，这样就会自然振奋起来。

【原文】

二一四　不可乘喜而轻诺，不可因醉而生嗔，不可乘快而多事，不可因倦而鲜终。

【译文】

不要图一时高兴，不加考虑，随便对人许诺；不要喝醉了酒，不加控制，随便乱发脾气；不要在得意时，不加检点，恣意惹是生非；不要因心中厌倦，放任疏懒，做事半途而废。

【原文】

二二五 善读书者，要读到手舞足蹈处，方不落筌蹄①；善观物者，要观到心融神洽时，方不泥迹象。

【注释】

①落筌蹄：《庄子·外物》："荃者所以在鱼，得鱼而忘荃；蹄者所以在兔，得兔而忘蹄；言者所以在意，得意而忘言。"荃，通"筌"，捕鱼的竹器。蹄，捕兔网。后以"筌蹄"比喻达到某种目的的手段。

【译文】

善于读书的人，要全神贯注，达到如痴如醉的境界，就不会被书的字面意义所束缚；善于观察事物的人，要观察入微，达到心领神会，才不至于只看到事物的表面形迹而不明其中真相。

【品读】

所谓"橛橛梗梗"除了表示坚持不懈之外，还意味着对事业的专注。专注心融神洽是一切艺术与伟业的奥妙。

遍地撒种不一定遍地开花，要想做好一件事，最好的办法是专心只做这一件事。专注的力量是惊人的，集中精力专注于自己正在做的事情，做起事来不仅轻松、有效率，而且也能够把事情做得更好，从而聚集更大的力量前进。人的思维和行动都会因专注变得积极而迅速。

孔子带领学生去楚国采风。他们一行从树林中走出来，看见一位驼背翁正在捕蝉。他拿着竹竿粘捕树上的蝉，就像在地上拾取东西一样自如。"老先生捕蝉的技术真高超。"孔子恭敬地对老翁表示称赞后问：

『您对捕蝉想必是有什么妙法吧？』

『方法肯定是有的，我练捕蝉五六个月后，在竿上垒放两粒粘丸而不掉下，蝉便很少逃脱；如垒三粒粘丸仍不落地，蝉十有八九会捕住；如能将五粒粘丸垒在竹竿上，捕蝉就会像在地上拾东西一样简单容易了。』

捕蝉翁说到此处，捋捋胡须，开始对孔子的学生们传授经验。他说：『捕蝉首先要先练站功和臂力。捕蝉时身体定在那里，要像竖立的树桩那样纹丝不动；竹竿从胳膊伸出去，要像控制树枝一样不颤抖。另外，注意力高度集中，无论天大地广，万物繁多，在我心里只有蝉的翅膀，神情专一。精神到了这番境界，捕起蝉来，还能不手到擒来、得心应手吗？』

大家听完驼背老人捕蝉的经验之谈，无不感慨万分。孔子对身边的弟子深有感触地说：『神情专注，才能出神入化、得心应手。捕蝉老翁讲的可是做人办事的大道理啊！』

驼背翁捕蝉的故事向人们昭示了一个真理：摒弃浮躁心态，心无旁骛，才能又快又好地达到目标。

人生有许多事情要去做，有许多的事情等待去做，做什么、怎样做，这都有待于人们自己做出选择。聪明人会把分散精力的要求置之度外，只专心致志地去学一门，并且把它学好，将有限的精力投入有限的事务中去，长期专注。

做一行爱一行，乐在其中便是专注。因为有乐趣，专注便顺理成章。曹操之于权谋，李白之于诗酒，王羲之之于书法等，他们这些人专注于其中，既完成自己的事业，也得到娱乐。若无自娱的乐趣，他们便不会有大的成就。

所以，对任何事情而言，专注既需明理，也需有感情引导。当人们全身心投入其中的时候，成功就不远了。一位伟人说过：『如果一个人，能用十年的时间，专注于一件事，那么他一定能够成为这方面的专家。』成就大事的人不会把精力同时集中在几件事情上，而只是关注其中之一。手里做着一件事，心里又想着另一件事，只能让每件事情都做不好。专注于心，摒弃浮躁才会使人们在成功的道路上走得更远。

【原文】

二一六　天贤一人，以诲众人之愚，而世反逞所长，以形人之短；天富一人，以济众人之困，而世反挟所有，以凌人之贫。真天之戮民哉！

【译文】

上天赋予一个人贤德的才能，是让他来教诲育人的。可总有一些稍有才能的人卖弄自己的本领，以此显示自己比他人能干。上天赐予一个人尊贵富有，是为了要他去救济民众摆脱穷困，可是世间一些拥有财富的人倚仗着自己的财富来欺凌和剥削穷人，这两种人实在为上天所不容啊！

【品读】

吴王渡过长江，登上猕猴聚居的山岭。猴群看到吴王打猎的军队经过，都惊慌地躲进了荆棘丛生的山林深处。有一只猴子却很不同。它从容不迫地翻身越过树枝，灵活地跳来跳去，在吴王面前展示它高超的本领。吴王用箭射它，它也巧妙地腾身避开。吴王于是召集身边所有打猎的人，一起发箭，猴子终于躲避不及，抱树而死。

故事中的猴子很聪明，也很灵活，但是它倚仗自己的敏捷而不把吴王放在眼里，以至于付出生命的价。

可见，恃才要不得！学问高时意气平，人生活在社会上必须要有『空杯』的心态。只有将自己的姿态放低，才能从别人那里学到知识、智慧。相反，如果不管什么时候都锋芒毕露，不但自己的才学无法长进，修养无法提升，反而给自己招来灾祸。

骄傲自满是一个可怕的陷阱，而且这个陷阱往往是人们自己亲手挖掘的。人有才智而不知收敛，弄不好『聪明反被聪明误』，给自己造成困境。为人还是谦虚些好，恃才不可傲物，为富亦不能不仁。

石崇家中美女无数，每次请客宴饮，便有美人劝酒；客人若不干杯，立斩美人。一次丞相王导和大将军王敦到石家赴宴，素不善饮的王导怕美人被杀，便勉强饮酒，直到大醉。轮到王敦喝酒，他却故意推辞，石崇便真的连杀三个美人。

石崇和王恺斗富，晋武帝是王恺的外甥，经常帮助王恺。武帝曾经送给舅舅王恺二尺多高的珊瑚树。王恺拿珊瑚树给石崇看，石崇却拿铁如意打碎了它。王恺极为惋惜，石崇说：『不必遗憾，现在就奉还。』于是令左右拿出家中全部珊瑚，王恺看见其中一棵珊瑚树有三四尺高，光彩夺目，顿时惘然若失。

王恺曾用饧糖和干饭擦锅，石崇则用蜡烛烧火做饭。王恺用赤石脂涂壁，石崇用花椒和泥。

石崇的宠奴绿珠极为美艳，又善吹笛。孙秀闻知，派人向石崇讨求。石崇不肯，孙秀于是矫诏逮捕了石崇。

石崇因为为富不仁、暴殄天物，遭人嫉恨，给自己带来祸患。

上天赐予人聪明才智，是让人教化愚昧，而不是卖弄才华，揭人之短；上天给予人钱财，是让人扶贫济困，而不是仗势欺人，铺张浪费。所以，富贵不足炫耀，才智不可仗恃，宽厚仁慈、谦虚低调才是智慧的处世之道。

立身要有自知之明，不恃才傲物，谦虚低调；为富不要攀比，不炫耀，仗义疏财，扶困济危。

【原文】

二一七　至人何思何虑，愚人不识不知，可与论学，亦可与建功。唯中才的人，多一番思虑知识，便多一番臆度猜疑，事事难与下手。

【译文】

处事无忧无虑，愚笨憨厚的人为人淳朴，所以既可以和他们研究学问，也能够与他们一起建功立业。只有那些才能中等的人，他们什么都懂一点，遇事往往考虑得十分复杂，疑心重，以至任何事情都很难和他们携手进行。

【原文】

二一八　口乃心之门，守口不密，泄尽真机；意乃心之足，防意不严，走尽邪蹊。

【译文】

口是心的大门，大门防守不严，家中机密就会全部泄露；意念是心的腿脚，如果防范不严谨，就会走上邪路。

【品读】

『逢人且说三分话，未可全抛一片心』，嘴巴好比心的大门，如果不能守口如瓶，会泄露心中的秘密；

意念好比心的腿脚，如果防范不够严谨，就有可能走上邪路。每个人都有自己的隐私，有些不愿人知。俗语说：『祸从口出，言多必失。』言语谨慎对一个人立身处世具有重要的意义，花开得太盛则败，不恰当的话说得太多则会招致祸患。守口如瓶，保持沉默，不妄言，不乱语，才能够取得别人的信任。与人和谐相处，才能远离祸患，顺利地走向成功。

提起『刘罗锅』——刘墉，可能脑海里立刻呈现一个聪明机智、正直勇敢、不失几分幽默的形象。他凭着自己的正直和聪明周旋于危机重重的封建官场，左右逢源，游刃有余。但很少有人知道，刘墉也曾遭遇重大转折，受到乾隆皇帝的申斥，本该获授的大学士一职也旁落他人。究其原因，不过是刘墉守口不密，说话不周，酿成了祸患。

一次乾隆谈到一位老臣去留的问题，说若老臣要求退休回籍，不忍心不答应。刘墉便将这话泄露给了老臣，而老臣真的面圣请辞。乾隆大为恼火，认为这是刘墉觊觎补授大学士的证明，是『谋官』的证明，因而训斥一通，将大学士一职改授他人。

武则天有言：嘴巴好比一道关卡，舌头好比射箭的弩机。一句不妥当的话说出去，即使用四匹马拉一辆车也不可能追回来。一句话说得不恰当，就会反过来伤害到自己。因为话虽然是自己说的，别人既然听到了，你就无法阻止别人去传播，由此所带来的影响你可能根本没办法控制。刘墉由于说话不慎而将到手的大学士职位丢了，就是最好的证明。因言语不慎而丢官尚且可以补救，因此而遭杀身之祸就悔之莫及了。

【原文】

二二九 责人者，原无过于有过之中，则情平；责己者，求有过于无过之内，则德进。

【译文】

责备别人的时候，要从他所犯过失中看到好的一面，宽以待人，这样才能使他心平气和地改正过错；反省自身的时候，检讨自己的行为，这样才能使自己的品德不断提高。

【品读】

一天，曹操出兵攻打张绣，途中路过一处麦田。为安抚民心，曹操下了一道军令，命令官兵不准践踏麦田，若有违令者，予以斩首。所以，官兵在经过麦田时，都下马小心翼翼地走，没有一个敢践踏的。老百姓看见了，纷纷称颂曹军。

可就在曹操骑马路过麦田时，田野里忽然飞起一只鸟儿，惊吓了他的马。那马飞速窜入田地，踏坏了一大片麦田。曹操见状，立即要求随行官员治自己的罪，说：『我作为军队首领，自己违反了自己下达的命令，更应该被斩首。』说完抽出腰间的佩剑要自刎，被众人连忙拦住。

这时谋士郭嘉以『法不加于尊』为曹操开脱，曹操沉思了好久，说：『那就暂且免去一死。但是，我犯了罪也应该受到处罚。』他一边说着一边用剑割下自己一束头发，掷在地上，对众官兵说：『割发权代首。』

在古代，人们认为，身体发肤受之父母，随便割掉头发不仅大逆不道，而且是不孝的表现。曹操作为军队的首领，能够以身作则，割发代首，确实很难得。也正是因为这样，他才能够折服众人，赢得军心、民心。对于那些身在领导、管理岗位的人来说，更应该以身作则。

责人易宽，责己易严说的就是以身作则的方法。如果想要让他人服从管理，首先要严格要求自己，才会形成影响力，而在具体实行时，适当灵活运用这些原则，对待他人宽厚些，反而会让他人打心底服气并主动配合。

宽容是一种处世哲学，也是一种较高的思想境界。有些时候，对别人宽容也就是善待自己。人与人相互往来，不可避免地会出现或大或小的问题，这个时候不要动不动就横加指责，大声呵斥，而应该心气平和地予以宽容。

每个人都会犯错。犯错的结果不是惩罚，而是改过。这时，对别人宽厚些，可以给对方真心改过的机会。这样做，我们就不容易为外物所累，同时对自己的修养也是一种提升。

【原文】

二三〇　子弟者，大人之胚胎[1]，秀才者，士大夫之胚胎。此时若火力不到，陶铸不纯，他日涉世立朝，终难成个令器[2]。

【注释】

①胚胎：本原。②令器：卓越的人才。

【译文】

小孩是大人的雏形，秀才是官吏的雏形。如果锻炼得不够火候，陶冶得不够精纯，以后走向社会或者在朝做官，最终难以成为一个有用的人才。

【原文】

二二一 君子处患难而不忧，当宴游而惕虑；遇权豪而不惧，对茕①独而惊心。

【注释】

①茕：孤单，孤独。

【译文】

君子生活在恶劣的环境中也不忧愁，而在歌舞升平、欢宴游乐时告诫自己，以免误入堕落；君子即使遇到豪门权贵，也不畏惧，但对孤独无依靠之人有同情心。

【原文】

二二二 桃李虽艳，何如松苍柏翠之坚贞？梨杏虽甘，何如橙黄橘绿之馨冽？信乎！浓夭不及淡久，早秀不如晚成也。

【译文】

桃树和李树的花朵虽然艳丽夺目，但怎能比得上松柏一年四季常绿不凋的那种坚贞呢？梨和杏的滋味虽然香甜甘美，但怎比得上橘、橙经常飘散着清淡芬芳呢？毫无疑问，艳丽夺目而容易消逝的美色远不如清淡持久的芬芳，所以少年得志，不如大器晚成。

【品读】

唐朝诗人李贺，字长吉，福州人，是郑王后裔，出身于没落宗室，官终奉礼郎。李贺终生不得志，卒年仅二十七岁。

李贺擅诗歌，韩愈看重他，使之声名日高。诗人元稹少年得志，以明经擢第一，亦工吟咏，欲结交李贺。一日元稹诚意登门，拜访李贺，李贺览其名帖竟不容入，令仆人答道：『明经乃第，何事来见我？』元稹惭愤而退。后李贺应举，应试者忌其才，遂以其祖讳对李贺大加非议，贺自视其高，竟不赴考，韩愈惜其才学，着《讳辩》讲了几句公道话。唐礼部侍郎李潘曾经编缀李贺诗作，并为其诗集作序。诗集编成，召其笔砚之交李贺的表弟托以搜访所遗，李贺的表弟答应了。然而好几年过去了，李潘没有得到任何音讯，非常气愤，就叫来李贺的表弟质问，李贺的表弟说：『我与李贺少时同处，他傲慢无礼，我正想找个机会报复他呢！所得歌诗，兼旧有者，一起扔到厕所里去了。』李潘大怒，把那个人赶了出去。

一个人很早就表现惊人的才华本来是一件好事，如果善加利用，虚心受教，很有可能取得非凡成就；但如果恃才傲物，就会阻碍自己前进的脚步。同时，耀眼的锋芒也容易遭人嫉妒，给自己带来灾祸，好事也能变成坏事。桃李虽艳，却不如松苍柏翠；梨杏虽甘，却不如橙黄橘绿，所以说『浓夭不及淡久，早秀不如晚成』。这句话对于少年得志之人敲响了警钟。

戴震是我国清代著名的语言文字学家、哲学家、思想家，擅长考据、训诂，为清代考据学派的重要代表人物。据记载，戴震十岁才开始说话，年少之时，由于家庭生活困难，上不起学，只能随父亲出外做些小买卖。在做小商贩的行途中，他一有机会就拿起书本，抓紧一切时间来学习，往往出门做一回生意，就要背诵数页书。

戴震虽然生活艰苦，但读书一直都很勤奋。后来他随父亲做生意客居南丰，就一边教书，一边研究学问。

二十岁时，他拜师于当时的著名学者江永。四十岁时，才参加乡试并中举。尽管戴震学识渊博，但在之后的十多年间，却屡试不第。戴震五十岁时，曾主讲于浙东金华书院，被钱大昕称为天下奇才，举荐给尚书秦蕙田协助修《五经通考》。后会试不第，应直隶总督方观承之聘，修《直隶河渠志》。后由纪昀等人引荐，奉诏入四库馆编纂《四库全书》。戴震在五十三岁时，奉命与当年贡士同赴殿试，赐同进士出身，授翰林院庶吉士。在四库馆中，戴震做出不少成绩，从《永乐大典》辑出宋代张淳的《仪礼识误》三卷，把宋李如圭的《仪礼集释》订为三十卷等，为我国传统文化的保存做出了重要贡献。

过早的成名未必是好事，岁寒而后知松柏之苍劲，真正能做成大学问、成就大事业的人是要经过长时间的磨炼的，所以真正的大才往往成就较晚。戴震的一生可谓成就卓越，但是他是典型的大器晚成。

人生百年屈指可数，每个人都不愿虚度自己的光阴，想在有生之年成就一番大事业。有的人可能比较幸运，天资聪颖，少年得志，但是，如果恃才傲物或者不知进取的话，最终也只能默默无闻。相反，谦虚求教、勤奋努力，即便是那些资质一般的人也可能取得非凡的业绩。

【原文】

二二三 谈山林之乐者，未必真得山林之趣；厌名利之谈者，未必尽忘名利之情。

【译文】

口口声声说如何羡慕隐居山林生活的人，未必真正懂得山林隐居之真趣，口口声声说自己讨厌功名利禄的人，未必就能完全忘却名利。

【品读】

某些人表面上看是贤士，实际上是以贤士的身份为诱饵，为自己谋取功名，这样的人徒有虚名罢了。后人将此称为『沽名钓誉』。

在我国古代，很多人通过寄情山水来表达自己不慕名利的淡泊情怀，这里面有真贤士，也有假名士。

唐代的时候，有位叫司马承祯的人，在都城长安南边的终南山里住了几十年。他替自己起了个别号叫白云，表示自己要像白云那样高尚和纯洁。唐玄宗知道了，要请他出来做官，被他谢绝了。于是，唐玄宗替他盖了一座讲究的房子，叫他住在里面抄写校正《老子》这本书。后来他完成了这项任务，到长安面见唐玄宗，见过唐玄宗之后，他打算回终南山，偏巧碰见了也曾在终南山隐居，后来做了官的卢藏用。

司马承祯与卢藏用说了几句话，后者抬起手来指着南面的终南山，并开玩笑地说：『这里面确实有无穷的乐趣呀！』原来卢藏用早年求官不成，便故意跑到终南山隐居。终南山靠近国都长安，在那里隐居，容易让皇帝知道并请出来做官。司马承祯想对他的这种行为表示讽刺，便应声说：『不错，照我看来，那里确实是做官的「捷径」啊！』

把卢藏用与司马承祯稍作比较，高下立见。从二人身上可以看出，大部分欲寻求『终南捷径』者多是沽名钓誉的人。他们表面上畅谈山林的乐趣，对名利嗤之以鼻，实质上内心深处在唱着反调。

春秋时期有一个叫子西的人，做事重『名誉』，甚至常常用不正当的手段取得名誉。孔子对弟子说：『谁能够去劝导一下子西，使他不再沽名钓誉？』

弟子子贡说：『我能劝他。』于是，子贡就去劝说子西，子西却不以为然。

孔子说：『不受功利所左右，才能胸怀宽广；保持本性而不动摇，才能保持纯洁的品行。内心不正直，做事也就不能正直；内心正直，做事才能正直。子西恐怕还是难以避免灾祸。』

事实果如孔子所预言，不久楚国发生内乱，楚国的大夫白公逃到了吴国，后来子西把他召回了楚国。不久，子西发动叛乱，结果被杀，落得个惨淡收场。

俗话说，多行不义必自毙，子西无疑是搬起石头砸自己的脚。无论是为官、为人、治学，还是日常的人际交往，都无『终南捷径』可图，而且那些跳过『诚』觅求的捷径，往往是死胡同。

人生如戏，戏如人生。在现实生活中，一些人早已自觉或不自觉地将自己置于演员的角色之中，就像席慕蓉在《戏子》中所说：『在涂满油彩的面容之下，我有的是一颗戏子的心。』在迫不得已的情况下掩饰真实的自己，这本无可厚非，但时间长了，恐怕就再也回不到表里如一的样子了。时间不光是在流逝，也在带走虚而不实的东西，若是沽名钓誉，仅以虚伪来蒙蔽世人的眼睛，也会很快被人揭露，落下骂名。

所以，做人还是心口如一比较好，与人交往多些诚心，少些虚伪；在工作时多些踏实，少些圆滑；在生活中，以真心待人。

【原文】

二三四　钓水，逸事也，尚持生杀之柄；弈棋，清戏也，且动战争之心，可见喜事不如省事之为适，多能不若无能之全真①。

【注释】

①全真：保全天性。

【译文】

钓鱼本是一件悠闲的事，却左右着鱼儿的生死；下棋本是一种高雅的娱乐活动，其中却充斥着争强好胜的心理。可见多一事不如少一事更令人闲适，多才还不如平凡更能保全自己的本性。

【原文】

二三五　莺花茂而山浓谷艳，总是乾坤之幻境；水木落而石瘦崖枯，才见天地之真吾。

【译文】

春天里鸟语花香，山谷里绿草如茵，为山川平添了无限景色，然而景色再好，秋天一到，叶落崖枯，山川一派空寂。

【原文】

二二六　岁月本长，而忙者自促；天地本宽，而鄙者自隘；风花雪月本闲，而劳攘者自冗。

【译文】

岁月悠悠，来日方长，可那奔波劳碌的人却觉得时间短促，把自己搞得十分紧张；天地本是很宽阔的，心胸狭隘的人偏要把自己局限在小圈子里，弄得很局促；风花雪月四季的景致本是很悠然的，可那些庸俗的人偏要把自己弄得烦恼。

【品读】

天神把一捧快乐的种子交给幸福使者，让她到人间撒播。

临行前，天神仍不放心地问：『你准备把它们撒在什么地方呢？』

幸福使者胸有成竹地回答说：『我已经想好了，我准备把这些种子放在最深的海底，让那些寻找快乐的人，经过惊涛骇浪的考验后，才能找到它。』

天神听了，微笑着摇了摇头。

幸福使者思考了一会儿，继续说：『那我就把它们藏在高山之上吧，让寻找快乐的人，通过艰难跋涉才能发现它的存在。』

天神听了之后，还是摇了摇头。

幸福使者茫然无措了。

天神意味深长地说：『你选择的这两个地方都不难找到。你应该把快乐的种子撒在每个人的心底。因为，人类最难到达的地方，就是他们自己的心。」

岁月本来是很漫长的，而那些忙碌的人觉得时间短暂；风花雪月本来是增加闲情逸致的，而那些庸庸碌碌的人觉得多余；幸福本来是洒落在生活的每个角落，而那些脚步匆忙的人没有发现幸福的眼睛。

在忙碌的现代生活中，总免不了有如此的情况：到了吃饭的时间，一点饥饿感都没有，但又觉得不吃不行，不得已强迫自己硬塞些东西落肚，方能安心；到了睡觉的时间，尽管一点睡意都没有，但觉得该睡，就告诫自己一定要睡，翻来覆去，更加无法入眠。吃饭和睡觉，本是再简单不过的事情，然而，单从这些事情上，也能看得出人与人之间的差别。

一天，有源禅师来拜访大珠慧海禅师，请教修道用功的方法。

他问慧海禅师：『和尚，您也用功修道吗？』

禅师回答：『用功！』

有源又问：『怎样用功呢？』

禅师回答：『饿了就吃饭，困了就睡觉。』

有源有些不解地问道：『如果这样就是用功，那岂不是所有人都和禅师一样用功了？』

禅师说：『当然不一样！』

有源又问：『怎么不一样？不都是吃饭、睡觉吗？』

禅师说：『一般人吃饭时不好好吃饭，有种种思量；睡觉时不好好睡觉，有千般妄想。我和他们当然不一样。』

吃饭、睡觉，是所有人都必须过的日常生活，即便是圣人也不例外，但差别也正在此。学者冯友兰先生说：『圣人的生活，原也是一般人的日常生活，不过他比一般人对于日常生活的了解更为充分。了解有不同，意义也有了分别，因而他的生活超越了一般人的日常生活。』这里所谓的『超越』，实际上就是放慢脚步，该休息时休息，该娱乐时娱乐，该工作时工作。

【原文】

二二七 得趣不在多，盆池拳石[1]间，烟霞俱足；会景不在远，蓬窗竹屋下，风月自赊。

【注释】

①盆池拳石：人工制作的盆景。

【译文】

具有真正乐趣的休闲活动不在多，只要有一方池塘加上几块怪石，就可尽得山水之乐；寻找大自然的景色也不一定要跑很远，只要在竹屋茅窗下坐临清风，沐浴月光，心胸自然旷远辽阔。

【品读】

会心不在远，得趣不在多。美景不在别处，就在身边。

有人说得好：『敢问图书馆中在座的诸君，谁不曾梦想浪迹天涯？几乎每一个读书人在年轻的时候都有一种浪迹天涯的冲动。远方充满了神秘的召唤，未知的东西总是披着浪漫的色彩。我们常常以为好的在远处，总以为未接触过的事物藏着惊喜，总以为陌生的人和事会与自己生活中的不一样，所以，做了许多徒劳无功的事情。之后再回到起点，才发现其实自己想要的就在不远处。

农夫阿利生活殷实。一天，一位老者拜访他，说道：『倘若你能得到拇指大的钻石，就能买下附近全部的土地；倘若得到钻石矿，还能够让自己的儿子坐上王位。』

钻石深深地吸引了阿利，他从此对什么都不感到满足了。辗转反侧的思考之后，第二天一早，他便叫起那位老者，请老者指教在哪里能够找到钻石。老者想打消他这个念头，但无奈阿利完全听不进去。老者只好告诉他：『你在很高的山上寻找淌着白沙的河，倘若能够找到，白沙里一定埋着钻石。』

于是，阿利变卖了自己所有的地产，让亲人寄宿在街坊家里，自己出去寻找钻石。但他走啊走，始终没有找到要找的宝藏。他终于失望，投海自尽。

故事并没有就此结束。

一天，买了阿利房子的人把骆驼牵进后院，想让骆驼喝水。后院有井。当骆驼把鼻子凑到水里时，这个人发现有块闪着奇光的东西。他立即把它挖出来，是一块闪闪发光的石头，他把石头带回家，放在炉架上。

过了些时候，那位老者又来拜访这家人，进门就发现炉架上那块闪着光的石头，不由得奔跑上前。

『这是钻石！』他惊奇地嚷道，『阿利回来了！』

『不！阿利还没有回来。这块石头是在后院发现的。』新房主答道。『不！你在骗我。』老者不相信，『我走进这房间就知道这是钻石啊。别看我有些唠叨，但我还是认得这是块真正的钻石！』

于是，两人跑出房间，挖掘起来。过了一会儿，露出了比第一块更有光泽的石头，而且之后又挖出许多钻石。

在生活中我们常常舍近求远，到别处去寻找其实自己身边就有的东西。有时，机遇往往就在身边。用心发现，享受当下，处处都有美景。

【原文】

二二八 听静夜之钟声，唤醒梦中之梦；观澄潭之月影，窥见身外之身。

【译文】

当夜深人静时，听到悠悠的钟声，可以从人生的梦境中醒来；从清澈的潭中观察夜月倒影，可以发现真正的我。

【品读】

『吾日三省吾身。』反思与自省是很重要的。正如冯友兰先生所说：『反思，总是在生活中遇到什么困难，受到什么阻碍，感到什么痛苦，才会有的。如同一条河，在平坦的地区，它只会慢慢地流下去。总是碰到了崖石或者暗礁，它才会激起浪花。或者遇到了狂风，它才能涌起波涛。』

人生最大的敌人是自己。那些认真审视自己，时刻反省自己的人，才可能真正觉悟。

赵概是宋朝南京虞城人，曾与欧阳修同在馆阁任职。赵概敦厚持重，沉默寡言，欧阳修很看不起他。后来欧阳修的外甥女与人淫乱，忌恨欧阳修的人借题发挥，以此事来诬蔑他。皇帝震怒，没人敢为欧阳修辩护，只有赵概为欧阳修上书，说：『欧阳修因文才出众才成为皇上的近臣，皇上不能随便听信谗言，轻易诬蔑他。』有人问赵概：『你不是与欧阳修之间有嫌隙吗？』赵概说：『以私废公，我不能做这种事。』

最终皇帝并没有听赵概的话，欧阳修仍旧被贬官滁州。赵概后来执掌苏州，接着又辞官守丧，守丧期满后，被授职翰林学士。他再次上书，要求为欧阳修恢复官职。虽然赵概的请求没有被朝廷采纳，但当时的人们都非常赞赏赵概。欧阳修也认识到赵概的德高望重，对其非常佩服，从此两人成为莫逆之交。

赵概的德行如此高尚，这得益于他平时能够严谨克己修身。为了严格要求自己，他曾准备两个瓶子，如果起了善念，或做了好事，他就把一粒黄豆投入一个瓶子中；如果起了恶念，或做了不好的事，他就会把一粒黑豆投入另一个瓶子中。刚开始的时候，黑豆往往比黄豆多。后来随着赵概对自己的磨砺，时时内省，努力克制自己，改过迁善，瓶子中的黄豆渐渐多了。

检讨自己的行为，多加反省，才能清楚知道自己的所做所为是不是合乎道德的标准。赵概正是在自我检讨中完善了自己，一身浩然之气。

『知人者智，自知者明』，真正的聪明人必须具备自知之明。孔子说：『知之为知之，不知为不知，是知也。』

只有善于自省的人，才能真正明心见性、把握自己的人生。因此人们要学会和自己对话，不断地反省自己，只有这样才能明白自己到底是谁，才能明白这世间什么事可为，什么事不可为。

【原文】

二二九　鸟语虫声，总是传心①之诀；花英草色，无非见道②之文。学者要天机③清彻，胸次玲珑，触物皆有会心处。

【注释】

①传心：佛家语，谓不用语言文字，以心传于心。②见道：佛家语，初生离烦恼垢染之清净智，照见真谛者，谓之见天道。③天机：天赋之灵性。

【译文】

鸟的啼叫和虫的鸣声是它们传递感情的信号；花的鲜艳和草的碧绿蕴藏着大自然的奥妙玄机。做学问的人必须使灵智清明透彻，胸怀光明磊落，从周围的每样事物身上，都能有所领悟。

【品读】

鸟语虫声，饶有机趣，细心领会，恰如人们的话语；花英草色深含人情，仔细观赏也是隐含人间道义。一物一景，都有机锋，如不领会，难免受到考虑不周的限制。

宋代有一位名士一向很自负，他说自己学识渊博，天下没有人胜得过他。他听说诗人杨万里知识渊博，很有才华，所写的诗一直蜚声四方，颇负盛名，非常不服气，决定给他写一封信，说要亲自到杨万里的家乡江西吉水拜见他。杨万里也早就听说这个人一贯骄傲得不得了，就给他回了一封信，说：『我很欢迎您的到来，并冒昧地向您提一个小小的要求，听说你们家乡的配盐幽菽非常有名，很想亲口尝一尝滋味，请您来时顺便捎带一点。』

那个名士拆信一看，不禁一下子愣住了，什么是配盐幽菽呀？自己未曾听过。他想了很久，也想不出是什么东西，又不愿意放下身段去问别人，只好自己在街上到处乱找，但找了很久也没有找到。后来，他只好两手空空地来到吉水。他见到杨万里后，寒暄了几句，问：『您信中提到的配盐幽菽是不是卖的地方比较偏僻，我找了很久也没有找到，实在抱歉！』

杨万里听了哈哈大笑起来：『你们那里家家户户都有啊！』说着，他随手从书架上取下一本《韵略》，翻开当中的一页。名士接过来一看，上面明明白白地写：『豉，配盐幽菽也』一行字。他这才明白，原来所谓的配盐幽菽，就是家庭日常食用的豆豉啊！

故事中的学士，自诩才高八斗，不把他人放在眼里，实际上只有一些死学问。

人们在日常生活中应该留心观察，举一反三，对听到的话、接触到的事物，不要只看表面，还应该了解弦外之音、物外之象。否则，凡事只停留在表面，糊糊涂涂，不了解别人话语中的言外之意，也不了解事物背后蕴藏的玄机，难免会受到他人的愚弄。

【原文】

二三〇 人解读有字书，不解读无字书；知弹有弦琴，不知弹无弦琴。以迹用，不以神用，何以得琴书之趣？

【译文】

一般人只会读用文字写的书，却无法读懂宇宙这本无字的书；只知道弹奏有弦的琴，却不知道弹奏大自然这架无弦琴。一味地注重事物的形式，而不能领悟其神韵，这样怎么能懂得读书和弹琴的真正乐趣呢？

【品读】

留赞是三国时期吴国的将军和学者。他刚开始时当了会稽郡的一名小吏，不幸的是在一次战斗中他的小腿被砍伤，成了残疾人。但是他并未消沉，而是发愤读书，立志成为一名学者。他废寝忘食，博览群书，特别喜欢读兵书和史书，如《史记》和《汉书》。留赞对项羽、李广、卫青、霍去病等书中描写的英雄人物佩服得五体投地。

一次，留赞读《后汉书》，读到了马援将军六十二岁高龄还向光武帝刘秀请战，想为国牺牲在战场上。读完这个故事后，留赞深受感动。他再也不愿每日躺在床上无所事事，而要做一个像马援将军那样的人。后来，他被提拔为将校。

身患残疾的留赞，终于才尽其用，忠心报国，胜比学富五车、拘泥字面、嚼文咬字的迂腐之辈。

真正会读书的人，主要在于心领神会，能触类旁通，既不要一味执着，也不要在字面上追寻，需要细细领悟其中的含义。

一百多年前，医生们虽已经能够进行外科手术，但是死亡率依旧非常高。明明手术很成功，伤口却很容易发红发肿，化脓溃烂，最后痛苦地死去。医生们搞不明白是什么原因，也不知道怎么防止感染。

有一名很出色的外科医生，虽然他的技术很高，但也无法防止病人手术后的感染，经常眼睁睁地看着病人死去。于是他一直在积极寻找解决问题的办法，与其他外科医生不同的是，他的目光并没有仅仅局限于外科手术这一狭小的范围内。

有一次，他看到一本生物学杂志，里面有一篇探讨生命起源的论文。论文讲道：生命不是无中生有，是空气中的生命孢子进入的结果。有机物的腐败和发酵也是微生物进入的结果。

这篇文章表面看起来与外科手术并没有直接关系，但他从中汲取了丰富的营养。他想：病人伤口的感染化脓，不也是一种有机物的腐败现象吗？这个看不见的微生物世界，影响着我们的生活，也肯定影响着外科手术。

依据这种想法，他在手术之前严格地洗手，将手术器械严格地煮沸，伤口用煮沸过的纱布包扎，以防止空气中的微生物感染伤口。后来他又找到一种杀灭细菌的药剂。运用了这些办法后的手术，死亡率大大降低。就这样，他从一篇表面上看来似乎毫不相关的文章中受到启发，创立了消毒外科学。

这位外科医生之所以能够创立消毒外科学，是因为他能够灵活、创新地学习，寻找解决问题的方法，而不是拘泥于单一的外科学。如果不是这样的话，他就不可能去关注与外科学没有什么直接联系的生物学，也就不可能从生物学中获得灵感去解决外科学中的难题。

这告诉人们，生活中到处都是学问，圣人尚且无常师，普通人更应该开阔眼界，以万物为师，打开心灵，在更广阔的空间里洞察世事。否则，只执着于一事一物，不知变通，最终可能一事无成。

【原文】

二三一　**心无物欲，即是秋空霁海；坐有琴书，便成石室丹丘①。**

【注释】

①石室丹丘：石室和丹丘都是传说中神仙所居之地。

【译文】

心中如果没有贪求物质享受的欲望，就会像秋天的碧空和平静的大海那样坦荡宽阔；生活中有了琴和书籍，就会像神仙般逍遥自在。

【原文】

二三二　宾朋云集，剧饮淋漓，乐矣。俄而，漏尽烛残，香销茗冷，不觉反成呕咽，令人索然无味。天下事率类此，人奈何不早回头也。

【译文】

高朋满座，聚集一堂，畅饮欢笑，真是畅快之至。然而，转眼间夜深人静，炉中香料已经烧完，茶也已经冰冷，方觉刚才的豪饮现在反要呕吐，再回想美酒佳肴更觉得索然无味，没了方才的欢畅。天下的事情大多如此，太过分就会产生反效果，人们为什么不及早回头适可而止呢。

【原文】

二三三　会得个中趣，五湖之烟月尽入寸里；破得眼前机，千古之英雄尽归掌握。

【译文】

善于发现生活中的情趣，那么五湖四海的山光水色都可尽入心中；能看破眼前的机缘，那么古往今来所有的英雄豪杰都可以由我掌握。

【原文】

二三四　山河大地已属微尘[1]，而况尘中之尘？血肉身躯且归泡影，而况影外之影？非上上智[2]，无了了心[3]。

【注释】

①微尘：佛家语，指极小之物。②上上智：最高智慧。③了了心：彻底通达之心。

【译文】

山河大地，不过是茫茫宇宙中的一颗尘埃，何况生活在其中的人呢？自然更是微不足道。人的血肉之躯最终不过是一场空，何况功名利禄等身外之物，自然更是浮光掠影。一个没有超凡智慧的人，是很难明白这种道理的。

【原文】

二三五　石火光中争长竞短，几何光阴？蜗牛角上较雌论雄，许大世界？

【译文】

人的一生像用铁器击石发生的火光一样一闪即逝，只知道一味你争我夺，就不想想一辈子能有多久？人类在宇宙中所占的空间就像蜗牛的触角那么小，怎么能在这狭小的世界里去争强斗胜呢？

【原文】

二三六　寒灯无焰，敝裘无温，总是播弄光景；身如槁木，心似死灰，不免堕在顽空。

【译文】

灯烛在寒气的摇曳下光焰暗淡，皮衣旧了也就不保暖了，人生到了这步田地也未免太狼狈了；曾经风华正茂如今衰如槁木，心灵犹如熄灭的灰，这种人不免要陷入虚无的境界之中。

【品读】

有一位建筑师和一位逻辑学家，是无话不谈的好友。一次，两人相约赴埃及参观著名的金字塔。到埃及后，有一天，逻辑学家在宾馆里继续写自己的旅行日记。建筑师则独自在街头徘徊，忽然耳边传来一位老妇人的叫卖声：『卖猫啊，卖猫啊！』

建筑师一看，在老妇人身旁放着一只黑色的玩具猫，标价五百美元。这位妇人解释说，这只玩具猫是祖传宝物，因孙子病重，不得已才出卖以换取住院治疗费。建筑师用手一举猫，发现猫身很重，看起来似乎是用黑铁铸就的。不过，那一对猫眼则是珍珠的。

于是，建筑师就对那位老妇人说：『我给你三百美元，只买下两只猫眼吧！』老妇人一算，觉得行，就同意了。建筑师高高兴兴地回到宾馆，对逻辑学家说：『我只花了三百美元竟然买下了两颗硕大的珍珠！』

逻辑学家一看这两颗大珍珠，少说也值上千美元，忙问朋友是怎么一回事。当建筑师讲完缘由，逻辑学家忙问：『那位妇人是否还在原处？』建筑师回答说：『她还坐在那里，想卖掉那只没有眼珠的黑铁猫！』

逻辑学家听后，忙跑到街上，给了老妇人两百美元，把猫买了回来。建筑师见后，嘲笑道：『你呀，花两百美元买了个没眼珠的铁猫！』

逻辑学家却不声不响地坐下来摆弄这只铁猫，突然，他灵机一动，用小刀刮铁猫的脚，当黑漆脱落后，露出的是黄灿灿的一道金色印迹，他高兴地大叫起来：『正如我所想的，这猫是纯金的！』

原来，当年铸造这只金猫的主人，怕金身暴露，便将猫身用黑漆漆过，俨如一只铁猫。对此，建筑师十分后悔。

此时，逻辑学家转过来嘲笑他说：『你虽然知识很渊博，可就是缺乏一种思维的艺术，分析和判断事情不全面、不深入。你应该好好想一想，猫的眼珠既然是珍珠做的，那猫的全身会是不值钱的黑铁所铸吗？』

建筑师因为只拘泥于表面的现象，所以没有看到『铁猫』的价值。这说明，人们在做事情的时候要灵活，学会分析，否则将错过很多对自己而言非常有价值的东西。

在现实生活中，如果始终用一种思维方式去思考问题，总有一天是会吃亏的。

聪明的人应该灵活变通、创新思考，只有时时不忘给心灵注入一泉活水，才能有意外的收获。而且有时候，灵活一些，换一种思维方式思考或许会更有利于问题的解决。

在一个暴风雨的日子，有一个穷人到富人家讨饭。

『滚开！』仆人说，『不要来打搅我们。』

穷人说：『只要让我进去，在你们的火炉旁烤干衣服就行了。』仆人以为这不需要花费什么，就让他进去了。

这个可怜人，这时请求厨娘给他一个小锅，以便他煮点石头汤喝。『石头汤？』厨娘说，『我想看看你怎样能用石头做成汤。』于是就答应了。穷人到路上捡了块石头洗净后放在锅里煮。『可是，你总得放点盐吧。』厨娘说，她给他一些盐，后来又给了些豌豆、薄荷、香菜。最后又把能够收拾到的碎肉末都放在汤里。

你也许能猜到，这个可怜人后来把石头捞出来扔回路上，美美地喝了一锅肉汤。不过，如果这个穷人直接对仆人说：『行行好吧！请给我一锅肉汤。』那将得到什么结果呢？答案不言自明。

随着社会的发展，创造性的思维显得越来越重要，也越来越被人们所认识。谁要想使自己的工作产生超凡出众的效果，谁要想在竞争中立于不败之地，谁就应该跳出传统的思维定式，学会运用创造性的思维。因此，不论在工作中，还是在生活中，人们都应学会运用这种思维去看问题和解决问题。

【原文】

二三七　人肯当下休，便当下了。若要寻个歇处，则婚嫁虽完，事亦不少；僧道虽好，心亦不了。前人云：『如今休去便休去，若觅了时无了时。』见之卓矣。

【译文】

人如果愿意就此罢休，就下定决心了断一切。如果老想找一个合适的机会，那就算家中孩子们婚嫁完了，事情也不少。出家为僧虽然清静，但心中所想的事情很多。古人说：『从当下放下就彻底清静了，若是寻找机会罢休，就永远没有罢休的时候。』这句话太精辟了！

【原文】

二三八 从冷视热，然后知热处之奔驰无益；从冗入闲，然后觉闲中之滋味最长。

【译文】

身处清静之地，冷眼旁观那些在生活中热衷追名逐利的人，便会深感这种奔波实在无聊。从繁忙的事务中解脱出来，体验一下悠闲的生活，才会意识到清闲实在是一种莫大的享受。

【品读】

清朝，北京城有一个著名的艺人，在一个戏班里唱戏。他本来是满族的世家子弟，开始在戏班不过是客串演唱。后来因为他唱戏技艺越来越精湛，大家就都劝班主把他吸纳进戏班，于是他就成了戏班里正式的演唱艺人。

但是在加入戏班不久之后，他有了承袭家里世爵的机会，但如果他仍然是艺人身份，便不能承袭爵位，所以就有人劝他不要再唱戏了，想法谋求别的差事，争取世袭家里的爵位。然而他一点也不为所动，认为为什么要放弃演戏来谋求爵位呢。

有人劝说他：『戏子的地位是低贱的，而爵位的名声是荣耀的。放弃低贱来换取荣耀，本来就是人之常情。』

他却说：『我为自己是唱戏的艺人而感到自豪和骄傲，并不觉得卑微下贱。在戏剧里，我既可以扮作帝王，也可以扮演将军大臣。掀帘出场则引得众人喝彩，在社会上的荣耀应该算是最高的了，还有什么可追求的呢？』

那人说：『可是这一切都是虚假的，是扮演出来的，不真实。』

他笑着说：『你以为得到爵位就是真的荣耀了吗？或许我还没有来得及享用，第二天又失去了这个爵位。』

故事中的艺人之所以冷眼看官场，拒绝袭爵，得而不喜、失而不忧，主要的原因就是已经深深知道官场的风险和危机。以冷眼观世事热闹，以淡漠看人间繁华，才知道繁华热闹处的功名利禄只是虚幻泡影；从忙碌的生活转入悠闲的生活，才能体味安闲乃生活中的真正乐趣。

安贫乐道是一种智慧，淡泊名利是一种境界。它们能让迷失于欲望之海的人们，于烦琐的事务中求得片刻安闲，于浮躁的环境中求得些许宁静。

不仅涉足权力需要冷静、自制，对待财富的时候也要如此。

一对贫穷的农民夫妇，依靠自己家的一块田地维持生计，每年只能从田里收获勉强可以维生的收成。唯一值得欣慰的是，他们家还养着一只母鸡，每天可以得到一个鸡蛋，给他们贫穷的生活一点有限的补贴。

或许是由于上天的怜悯，有一天，这只鸡生下了一个金蛋。他们把蛋拿到市场上去卖，结果很简单就得到了一大笔钱。

他们回到家里，直盯着生金蛋的鸡看，哪里明白这是幸运之神的照顾！他们心想：以后再也用不着过那种披星戴月却仅仅果腹的日子了，只要这只鸡每天能给我们下一个金蛋就行。果真靠着一天一个金蛋，夫妇俩逐渐富裕起来了，他们买下肥沃的田地，盖起宽敞漂亮的大房子，请了许多仆人，日子也开始过得奢靡起来。

以前贫穷的日子并没有让他们学会珍惜这上天眷顾的幸福，而是在奢靡之中滋长了无尽的贪欲。在奢侈的舞会结束后，妻子说：『既然母鸡每天可以下一个金蛋，那它的肚子里一定有很多的金蛋，说不定就是一个金库……』

丈夫打断她说：『对，我们干脆把鸡杀了，把肚子里所有的金蛋都拿出来！』于是他们三下五除二，将那只下金蛋的鸡杀了。

但是剖开之后，他们发现和普通的鸡并没有两样，根本没有什么金蛋，更不用说什么金库了！夫妇俩非常懊悔亲手毁了自己的致富宝贝，但为时已晚。一直在天上注视着他们的幸运女神目睹了刚才的惨剧，愤怒之下将他们所有的财产化作了一阵清风。

人们应该珍惜生活赐予的，不要索求太多。物欲太盛，杀鸡取卵，只能得不偿失。

贪婪的欲望使这对农民夫妇自己断绝了致富之路，所有的财产也都消失殆尽。也许有一天他们能够明白，应该珍惜生活赐予的，不要索求太多。可他们还能再恢复到原来清贫淡然却怡然自得的生活状态吗？恐怕是再也不可能了。

人们面对名利时常常容易迷失自我，私心与贪欲常常使他们重重地跌倒在『欲望』的旋涡里。事实上，人们所拥有的并不是太少，而是欲望太多，名利之心太重。安贫乐道，不为名所扰方为处世的智慧之道。

【原文】

二三九　有浮云富贵之风，而不必岩栖穴处①；无膏肓泉石②之癖，而常自醉酒耽诗。竞逐听人而不嫌尽醉，恬淡适己而不夸独醒。此释氏所谓不为法缠，不为空缠，身心两自在者。

【注释】

①岩栖穴处：指隐居深山洞穴之中。②膏肓泉石：形容热爱山林泉水已成为很难改变的癖好，指隐居不愿做官。

【译文】

能够视富贵如浮云者，就不必住到深山幽谷中去修养心性；不能够醉心于山水的人，反而经常饮酒吟诗，其意陶陶。对别人的追名逐利，并不指责。自己要独处，洁身自好，也不必向别人夸耀『世人皆醉我独醒』。这就是佛家所说的不被物欲所蒙蔽，也不被空寂所困扰，从而使自己的身心获得大自在。

【原文】

二四〇 延促[1]由于一念，宽窄系之寸心。故机闲[2]者一日遥于千古，意广者斗室宽若两间。

【注释】

①延促：时间长短。②机闲：心神闲逸。

【译文】

漫长和短促是主观感受，宽和窄是心理体验。内心清静恬淡的人，把一天看得比千年还长，心胸开阔的人，狭小的居室也无比宽敞。

【原文】

二四一　损之又损，栽花种竹，尽交还乌有先生①；忘无可忘，焚香煮茗，总不问白衣②童子。

【注释】

①乌有先生：虚构的人物，典出《子虚赋》。②白衣：古代无功名者的代称，犹言『平民』『老百姓』。

【译文】

对世俗的物欲要减到最低，通过养花种竹培养生活情趣，把一切烦恼全抛到脑外；无论什么人间琐事都不放在心上，唯独每天烧水煮茶、烧香拜佛这两件事，必须自己动手。

【原文】

二四二　都来眼前事，知足者仙境，不知足者凡境；总出世上因，善用者生机，不善用者杀机。

【译文】

面对一样的生活，感到满足的人就会享受神仙一般的快乐，感到不满足的人就摆脱不了事俗的困扰；世间机遇很多，善于把握的处处充满机会，不善于把握的处处都是危机。

【原文】

二四三　趋炎附势之祸，甚惨亦甚速；栖恬守逸之味，最淡亦最长。

【译文】

趋炎附势的人固然能得到一些好处，但是为此会很快引来祸端。能洁身自好坚守自己人格的人，尽管清寒寂寞却最能一生平安。

【原文】

二四四 松涧边，携杖独行，立处云生破衲[1]；竹窗下，枕书高卧，觉时月侵寒毡。

【注释】

①破衲：破旧的衣服。

【译文】

在松树掩映的山涧边，拿着手杖悠闲散步，只见身前身后腾起团团云雾，轻拂着那破旧的长袍；在简陋的竹窗之下读书，疲倦了就枕着厚厚的书本自然入睡，一觉醒来，只见清凉的月光透过竹窗，照在薄薄的毛毡上。

【品读】

晋人宋岱因为孝顺父母而远近闻名。后来，他辞去了官职。家居无事，喜欢种竹。他住在竹林小屋中，避暑赏心，心里十分高兴。

王羲之特地去拜访他，宋岱却躲避屋中，不肯见王羲之。晋孝武帝想任命宋岱做散骑郎的职位，宋岱正色地对使者说：『我岂能改易种竹之心，以碌碌于笼鸟盆鱼之间？』

春荒之时，宋岱把竹笋当食物用来充饥，砍截竹子作为器皿装酒。人问其故，宋岱答道：『我只爱竹好酒，希望此二物永远相依相伴。』宋岱经常穿着竹叶编织的鞋，手里拿着根青竹杖，徜徉于竹林之下。清风徐来之际，皓月当空之时，他吹着一支竹笛自在来去。因此，宋岱被郡县里的人称作『竹中高士』。

在松柏成林的溪水旁，悠然独行，站立的地方有烟云萦绕；在竹窗之下，枕书而眠，醒来时自有清凉月光多情当被。宋岱竹林中逍遥，风月下满怀，笛音清逸，正得古人妙境。

『仁者乐山，智者乐水』，山的沉稳，水的柔静能够为心灵寻得一片净土，把人们从浮躁与喧嚣的尘世中解脱出来。所以，伯牙钟子期巍巍乎高山汤汤乎流水，识我心中山水者即为知音；庄子梦蝶，不知蝶梦我还是我梦蝶；陶渊明采菊东篱下悠然见南山，自得其乐；李白遥望敬亭山相看两不厌，山人相悦……

清风明月、高山绿水，于古之贤人，永远都是难以抗拒的诱惑。

『空山新雨后，天气晚来秋。明月松间照，清泉石上流。竹喧归浣女，莲动下渔舟。随意春芳歇，王孙自可留。』唐代诗人王维的这首《山居秋暝》绝妙地表达了对隐逸生活的向往。王维在他的许多诗里，都流露出这种深切的隐逸情怀。

自然中的青山绿水、茂林修竹最能养人心性，敞人襟怀，激人雅兴。正是由于王维对于自然的爱和长期山林生活的经历，使他对自然美具有敏锐独特而细致入微的感受，因而他笔下的山水景物特别富有神韵，常常是略施渲染，便表现深长悠远的意境，耐人玩味。他的诗取景状物，极有画意，色彩映衬鲜明而优美，写景动静结合，善于细致地表现自然界的光色和声音变化。他的心也在俗世红尘中觅到一种超然的静谧。

【原文】

二四五　色欲火炽，而一念及病时，便兴似寒灰；名利饴甘，而一想到死地，便味如嚼蜡。故人常忧死虑病，亦可消幻业①而长道心。

【注释】

①幻业：佛教认为善恶有业报，但是虚幻不实的，故称幻业。

【译文】

情欲像烈火一样旺盛，但一想到得病时的各种痛苦，便兴如死灰；功名利禄如蜂蜜般甘美，但一想到人死后万事皆空，便觉得追求这些身外之物实在乏味。所以一个人要经常想到疾病和死亡，就可以放弃虚幻的追求，培养豁达的心性。

【原文】

二四六　争先的径路窄，退后一步，自宽平一步；浓艳的滋味短，清淡一分，自悠长一分。

【译文】

与别人抢道的人自然觉得道路太窄，如能退后一步让人先行，道路就变顺畅了；味道太浓的食物很快就会令人生腻，如能清淡一些，自然觉得滋味弥长。

【原文】

二四七 忙处不乱性，须闲处心神养得清，死时不动心，须生时事物看得破。

【译文】

要想在事务繁忙时有条不紊，不心慌意乱，必须在平时培养清晰敏锐的头脑；要想面对死亡不畏惧，就要在平时把一切事情都看得明白。

【品读】

有一只狐狸想溜进一个葡萄园里大吃一顿，但是栅栏的空隙太小，它钻不进去。在狠狠地节食三天后，它总算能钻进去了。但是当它大吃一顿以后，却又出不来了，只好在里面又饿了三天，才出得来。这只狐狸感慨地说：『忙来忙去，到头来还是一场空。』

当一个人静下来的时候，有没有问过自己是否像这个故事中的狐狸一样——忙来忙去，最终却一无所获。生命如水流动，一旦淤塞便浑浊，让人看不清生命的真谛。生活之乱，也正是因为心被他物所遮掩，人变得惶惑不安，不知何去何从。

一日，弟子向神山僧密禅师请教：『请师父谈一谈生死之事。』

僧密禅师说：『你什么时候死？』

弟子说：『我不曾死，也不会，请师父明示。』

僧密禅师说：『你既不曾死，又不会，那么，只有亲自死一回方能知道死是怎么一回事。』

弟子大惊：『难道只有亲历才能知道生死之事吗？』

僧密禅师说：『相传六祖慧能禅师弥留之际，众弟子痛哭，依依不舍，大家都将他视为再生父母。六祖气若游丝地说：「你们不用伤心难过，我另有去处。」』

弟子开悟：『原来，生死只是里程碑！』

彻悟生活，看破生死，不是曹孟德『譬如朝露，去日苦多』的叹息，也不是苏东坡『人生如梦』的无奈，更不是看破红尘的消极颓唐，而是想，人生苦短，生命易逝，今天能健康、自在、安乐地活着，我们就没有什么理由不去珍视生命、热爱生活、好好活着，过好生命中的每一天。

【原文】

二四八 隐逸林中无荣辱，道义路上无炎凉。

【译文】

远离尘世、退隐林泉的人，会忘掉一切荣辱；一个讲求仁义道德的人，对于世俗的贫贱富贵看得很淡而无厚此薄彼之分。

【品读】

一个退隐山林，与世隔绝的人，对于世间一切荣辱完全忘怀；一个讲求道德仁义的人，对于世间一切是非完全看淡。

一群人到山上游玩，其中一个人不小心掉进很深的坑洞里，他的右手和双脚都受伤了。坑洞非常深，又很陡峭，上面的人束手无策。幸好，坑洞的壁长了一些草，那个人就用左手撑住洞壁，以嘴巴咬住草，慢慢地往上攀爬。上面的人看不清洞里的情况，只能大声为他加油。等到看清他身处险境用，嘴巴咬着草攀爬时，忍不住议论起来。

『情况真糟，他的手脚都断了！』

『哎呀！他这样一定爬不上来了！』

『对呀！那些小草根本不可能撑住他的身体。』

『可惜！他如果摔下去死了，留下庞大的家产无缘享用了。』

『他的老母亲和妻子可怎么办才好！』

落入坑洞的人实在忍无可忍了：『你们都给我闭嘴！』就在他张口的一刹那，他再度落入坑底。

现代画家丰子恺先生有这样一段文字：『有一回我画一个人牵两只羊，画了两根绳子。有一位先生教我：「绳子只要画一根。牵了一只羊，后面的都会跟来。」我恍悟自己阅历太少，后来留心观察，发现果然如此：前头牵了一只羊，后面数十只羊都会跟着。后来发现鸭也如此。赶鸭的人把数百只鸭赶到河里，不需用绳子系住，群鸭能互相追随，聚在一块。上岸的时候，赶鸭的人只要赶上一两只，其余的都会跟着上岸。』

【原文】

二四九　热不必除，而除此热恼，身常在清凉台上；穷不可遣，而遣此穷愁，心常居安乐窝中。

【译文】

天气炎热无法改变，但只要消除由炎热而导致的内心烦躁，就如同置身于清凉的亭台上，凉爽无比；

生活的贫穷难以摆脱，但由于贫穷而产生的忧愁应该忘掉，这样就如处在快乐的世界一般幸福。

【原文】

二五〇 进步处便思退步，庶免触藩[1]之祸；着手时先图放手，才脱骑虎[2]之危。

【注释】

①触藩：比喻碰壁，进退两难。②骑虎：犹言骑虎难下。

【译文】

事业顺利的时候，要做好急流勇退的打算，以免将来像羊角抵入篱笆一般进退不得；在着手于某件事之前，要预先想好在什么情况之下罢手，免得将来骑虎难下，欲罢不能。

【原文】

二五一 贪得者分金恨不得玉，封公怨不受侯，权豪自甘乞丐；知足者藜羹[1]旨[2]于膏粱[3]，布袍暖于狐貉，编民[4]不让王公。

【注释】

①藜羹：指用藜菜做的羹，泛指粗劣的食物。②旨：美味，这里指的是美味。③膏粱：即肥肉和细粮，泛指美味的饭菜，精美的饮食。④编民：编入户籍的平民。

【译文】

一个贪得无厌的人，给金银还怨恨不给宝玉，当了高官还嫌没被封为王侯。这种人虽身居富贵之位，却偏要可怜巴巴地像个乞丐；一个自知满足的人，即使吃野菜也觉得比吃山珍海味还香甜，即使穿布袍也觉得比穿毛皮大衣暖和，这种人虽然身为平民却比王公更高贵。

【原文】

二五二 矜名①不若逃名趣，练事②何如省事闲。

【注释】

①矜名：夸耀名声。②练事：熟谙世事。

【译文】

夸耀自己的好名声，还不如把名声让给别人，这样会心安理得；阅历丰富，办事干练，哪比得上什么事都不干清闲。

【原文】

二五三　嗜寂者，观白云幽石而通玄①；趋荣者，见轻歌曼舞而忘倦。唯自得②之士，无喧寂，无荣枯，无往非自适之天。

【注释】

①玄：指深奥的哲理。据《老子·道德经》：『玄之又玄，众妙之门。』②自得：真正领悟人生，保有自然本性。

【译文】

一个喜好清静的人，看到天上的白云和幽谷的石头，便能领悟人生的哲理；热衷于荣华富贵的人，见到美妙的舞姿，听到悦耳的歌声，就会精神振奋，忘掉疲倦。只有那些真正了悟人生的豁达之人，才能在生活中找到无尽的乐趣，不在乎得志和失意，永远逍遥自在。

【品读】

以一颗矫饰的心去待人处世，不仅不是聪明之举，还是一种自讨苦吃的愚蠢做法，真诚才可兑换真诚，假意只能被生活抛弃。所以，不要希冀自己能够『瞒天过海』，还是以真示人，但求无违己心。

我国著名的历史家傅斯年是一个知识渊博的文人学者，也是一个本性自然率真的性情人物。喜欢就是喜欢，不喜欢就是不喜欢，哪怕常人认为他反复无常也不说违心话；同意就同意，不同意就不同意，哪怕和人起冲突也要辩个是非黑白。

和傅斯年熟识的人都知道他年轻时对李商隐的诗赞不绝口，可是后来对其诗嗤之以鼻，有时还痛骂李商隐是人间妖孽。他的一位好友反问他，为什么当初挚爱时，不说是妖孽。不想，傅斯年给出的答案是：李非妖时，我非人。

有一次，傅斯年和孔子后人孔庚因为中医问题在一次会议上争论不休。激辩之中，傅斯年说：『散会后我要和你决斗！』

孔庚本不把此话当真，可是刚一出门就看到傅斯年已经等候多时。

如此率性的傅斯年无疑是文人中的侠士。有人可能会说他小气、冲动，其实这不过是一种真实为人、心性纯正的表现罢了。如此自适天地，并不是他没有烦恼、怒气，只是因为他能随时发泄，随时放下，不存丝毫掩饰和矫作。

一个质朴淳厚的人是少有烦恼的。只有心性纯真才是逍遥人生的重要因素。

【原文】

二五四　孤云出岫，去留一无所系；朗镜悬空，静躁两不相干。

【译文】

一片云彩从山谷中升起，悠闲地飘来飘去，毫无牵挂；皎洁的明月像一面镜子当空悬挂，人间的宁静和喧嚣都与之毫无关系。

【原文】

二五五　悠长之趣，不得于酡酽①，而得于啜菽饮水②；惆怅之怀，不生于枯寂，而生于品竹调丝。故知浓处味常短，淡中趣独真也。

【注释】

①酡酽：酡，味浓烈的酒；酽，（汁液）浓，味厚。②啜菽饮水：饿了吃豆羹，渴了喝清水，形容生活清苦。

【译文】

使人回味无穷的乐趣，并非来自于美味佳肴，而是吃了粗茶淡饭之后才能体会到的；惆怅和烦闷的情绪，并非产生于穷困潦倒，而是由伤感悲凉的乐曲勾起。可见，浓香醉人的滋味常难以让人回味，恬淡清静的生活却往往包含着真正的情趣。

【原文】

二五六　禅宗曰：『饥来吃饭倦来眠。』诗旨曰：『眼前景致口头语。』盖极高寓于极平，至难出于至易；有意者反远，无心者自近也。

【译文】

佛教禅宗有一句偈语：『饥来吃饭倦来眠。』关于作诗的心得是『从眼前事物入手，多运用日常口语』。世间高深的哲理，往往产生于极平凡的事物中；美妙的诗章，通常源于真情的流露，刻意追求的反而难以如愿，无心寻找的反而近在眼前。

【原文】

二五七 水流而境无声，得处喧见寂之趣；山高而云不碍，悟出有入无之机。

【译文】

溪水虽然流淌，岸边却听不到水流的声音，由此体会处在喧闹的环境中保持清静的真趣；山峰虽然很高，可云彩依然能来去自由。由此领悟脱离凡俗世界进入虚无境界的玄妙道理。

【品读】

有一天，颜回说：『我进步了。』孔子问道：『你的进步指的是什么？』颜回说：『我已经忘却仁义了。』孔子说：『好哇，不过还不够。』过了几天颜回再次拜见孔子，说：『我又进步了。』孔子问：『你的进步指的是什么？』颜回说：『我忘却礼乐了。』孔子说：『好哇，不过还不够。』过了几天颜回再一次拜见孔子，说：『我又进步了。』孔子问：『这次你的进步在哪里？』颜回说：『我「坐忘」了。』

孔子问：『什么叫「坐忘」？』颜回答道：『毁废了强健的肢体，退除了灵敏的听觉和清晰的视力，脱离了身躯并抛弃了智慧，从而与大道相通为一体，这就叫静坐心空物我两忘的「坐忘」。』孔子说：『与万物同一就没有偏好，顺应变化就不执滞常理。你果真成了贤人啊！我作为老师也希望能跟随学习而步你的后尘。』

一个人想要达到精神上的自由，必须不再执着于物，忘记身处的环境，忘记功利富贵。当我们忘记自己身处的环境时，便可无视环境的嘈杂；当我们忘却世间的功利富贵时，当然也就不会为了得到它们而放弃自己的健康和生活趣味了。

学会忘记不是一件难事。如果我们能够不执着于某种形式、不贪念于功名利禄，也可以获得忘我、无我的境界。佛说『境由心生』，当我们忘记了外物浮华，自然不会在心中被它们羁绊。

《菜根谭》中所说『喧中见寂』『有入无之机』指的就是一种忘我的境地。如果我们想享受纯粹的生活，那不妨先学着去忘记。忘记我们周围的闹市，忘记我们觊觎的富贵，忘记我们失败的过往……

【原文】

二五八　山林是胜地，一营恋①便成市朝②；书画是雅事，一贪痴便成商贾。盖心无染着，欲界是仙都；心有系恋，乐境成苦海矣。

【注释】

①营恋：留恋。②市朝：指争名逐利之所。

【译文】

深山老林本是幽静的名胜之地，但大家一旦恋在这里不走，这幽境之地便会成为喧嚣的闹区；书画本是高雅的趣味，一生贪恋的念头，就会变成庸俗的商人。所以，人的心灵不被世俗之尘所染，即使身处物欲横流的花花世界也能建立自己内心的仙境。如果心系功名利禄，即使置身快乐的仙境，也会使精神坠入痛苦的深渊。

【原文】

二五九　时当喧杂，则平时所记忆者皆漫然忘去；境在清宁，则夙昔所遗忘者，又恍尔现前。可见静躁稍分，昏明顿异也。

【译文】

处在喧闹嘈杂的环境中，连平日记得很清楚的东西都模模糊糊忘得差不多了；人处在清静安宁的环境中，那么过去记不清的事情，又清晰地浮现在脑海里。可见人的心境是宁静还是浮躁的，只要有一点点区分，那么头脑是清醒的还是昏暗的，就会迥然不同。

【原文】

二六〇　芦花被①下，卧雪眠云，保全得一窝夜气；竹叶杯②中，吟风弄月，躲离了万丈红尘。

【注释】

①芦花被：把芦花当作被子。②竹叶杯：用竹叶卷起来当成酒杯。

【译文】

把芦花当作棉被，把雪地当作床，睡在云彩里，周身都沉浸在大自然的气息中；用竹叶做酒杯，吟诗作赋，感觉像远远离开了那喧嚣的凡俗世界。

【原文】

二六一　衮冕行[1]中，着一藜杖的山人，便增一段高风；渔樵路[2]上，着一衮衣的朝士，转添许多俗气。固知浓不胜淡，俗不如雅也。

【注释】

①衮冕行：衮冕是古代君王的礼服，后成为达官贵人的象征。②渔樵路：渔人和樵夫。

【译文】

在一群达官显贵之中，如果出现一位手柱藜杖的隐者，自会增添无限风采；在渔人和樵夫打鱼砍柴的时候，加入一位身着华服的官员，那么就显得不太协调，反而增加了很多俗气。由此可知浓艳不如清淡，市俗不如高雅。

【原文】

二六二　出世之道即在涉世中，不必绝人以逃世；了心[1]之功，即在尽心内，不必绝欲以灰心。

【注释】

①了心：使心了悟。

【译文】

远离尘世的办法就是要在平常的为人处世中加强自身修养，不必离群索居，与世隔绝；内心要达到清静无欲，就要在做事情的时候全力以赴，不必断绝欲望心如死灰。

【原文】

二六三　此身常放在闲处，荣辱得失，谁能差遣我？此心常安在静中，是非利害，谁能瞒昧我？

【译文】

只要使自己处在安逸清闲的状态，世间的荣辱得失，又怎么能左右呢？只要常把身心放在安宁之中，世间的功名利禄与是非又怎么能欺骗呢？

【原文】

二六四　竹篱下，忽闻犬吠鸡鸣，恍似云中世界；芸窗①中，雅听蝉吟鸦噪，方知静里乾坤。

【注释】

①芸窗：指书斋。芸，香草，置书页内可以防蠹，书斋常用芸草驱虫。

【译文】

站在竹篱下领略山村野景，忽然听到几声鸡鸣狗吠，置身其间，恍若云中仙境；坐在书房里专心读书，忽然听到一两声蝉鸣鸦啼，才发觉四周竟是这么寂静。

【品读】

圣人交给他的学生一项任务：牵着一只蜗牛去散步。这个学生在接到任务时，觉得很奇怪，但也只得照做。

蜗牛虽然已经在尽力爬，但半天才能挪动那么一丁点儿。学生催促它，吓唬它，责备它，但蜗牛仍然爬得很慢。学生急坏了，便盯着蜗牛看了一会儿，感觉蜗牛仿佛在说：『我已经尽了全力！』

过了一会儿，这个学生又开始拉它、扯它，甚至用脚踢它。蜗牛受了伤，爬得更慢了。『真奇怪，为什么圣人要我牵一只蜗牛去散步呢？』这个学生气急败坏地嘟囔。这时他看了看周围，见一个人也没有，便对自己说：『好吧！松手吧！反正圣人又不在，我还管什么？』于是他丢下蜗牛，任它往前爬，他则边走边生闷气。后来，他渐渐地放慢了脚步，静下心来……

然后他闻到了花香，听到鸟鸣，看到满天的白云，微风吹来，他不禁感叹：『好美。』

这时他想起来：『咦？以前怎么没有这些体会？』他看着仍在往前爬的蜗牛，『也许这就是圣人让我牵着蜗牛散步的理由吧。脚步慢了，心静了，才能领悟生活之美。』

在忙碌的现代生活中，只有放慢脚步、放空心灵才能找到生活的美，才能在自己的生活体验中发现新的深度。漫步在幽深的小路上，呼吸着清新的空气，透过林荫，怀着一种悠闲的心情细数阳光洒在地上碎石般的条纹，或者闭上眼睛，感受扑面而来的淡淡花香。

仰天长望，几朵白云在轻轻地飘；哼一首无名的小曲，默念一首小诗。这些都会让我们充分地感受到生活之美。

一位知名的女作家说过，『品味生活，在于抓住生活的空隙。一些不经意间发生的事情，往往会带来许多欢乐。生活的意义，正如一杯清茶，谁都能体会到它的清苦，可只有细细品味，才能体会到其中的香醇。』

放慢脚步、放空心灵的生活并非让我们放弃自我、无所事事，它与物质的富有程度也没有多大关系，『慢』和『静』更多的是一种健康的心态，一种积极的生活态度。对我们每个人来说，每一天都是当『心静慢人』

的好时候，只要我们运用得当，享受『竹篱下，忽闻犬吠鸡鸣，恍似云中世界；芸窗中，雅听蝉吟鸦噪，方知静里乾坤』的惬意、悠然绝不是什么难事，更不是什么坏事。

在生活中，有很多平常忙碌的人在度假的时候病倒；还有些人工作时没事，退休之后反而突发心肌梗死。这是因为，一个人如果长期处于紧张状态，身体就会习惯于这种状态，一旦紧张因素消失，对身体来说便成了反常现象，肾上腺素大量减少，使器官失控，导致各种疾病。然而，生活好像一盏灯，把脚步放慢一些，灯就被点着了，把心沉静下来些，灯光就会更亮些。点亮的灯会照亮生活中原本十分平凡的瞬间。

因此，不妨在生活和工作之间找一个美丽的平衡点，保持有条不紊、有张有弛的生活节奏。在现代社会的快节奏生活中慢下来、静下来，以平和的心态面对生活中的各种压力和诱惑。虽然我们会损失金钱，但这种损失却在我们享受生命的过程中得到了弥补。走出办公室时，抬头望望天，望见星光的那一刻，我们生活就是幸福的；一个没有应酬、没有加班的周末，和知心的朋友逛逛街、聊聊天便觉得心满意足；久居于城市的人，偶尔安排一次野外踏青会让紧张的心灵放轻松。生活就这样在无意间向我们展开了幸福和满足的微型世界。

【原文】

二六五 我不希荣①，何忧乎利禄之香饵？我不竞进，何畏乎士宦之危机？

【注释】

①希荣：企求荣名利禄。

【译文】

我不贪图荣华富贵，又何必担心世间利禄之引诱；我不贪图升官，又何必害怕官场上的险恶呢？

【原文】

二六六　徜徉于山林泉石之间，而尘心渐息；夷犹①于诗书图画之内，而俗气潜消。故君子虽不玩物丧志，亦常借境调心。

【注释】

①夷犹：从容自得的样子。

【译文】

经常漫步在山林泉石之间，心中的世俗之念会渐渐消失；流连在描图作画和吟诗读书之中，那么身上的世俗之气会不知不觉化去。所以君子可以经常找机会接近自然以陶冶身心。

【品读】

宋代汾阳有位善昭禅师，得佛法奥义。他曾说：『我不过是一个混日子的粥饭僧。传佛心宗，并非我的职责。』当时许多僧众、官员请求他出来讲法开示，他都坚卧草庵，不肯出山。

那时的得道僧者皆喜游历，四处看繁华事态，寻觅优雅风景，但善昭禅师很少出行，时人批评他缺少禅者的潇洒与韵味。善昭却严肃地说：『自古以来，祖师大德行脚云游，是因为圣心未通，道业未成，所以驱驰丛林，以求抉择，而不是为了游览山水，观风望景。』

在善昭看来，风景再繁华，不过是风景，大德的禅师之所以游历，是因为感悟天地之道，而不是因为风景之美。

出家人不慕繁华，如泥中青莲，清新入脾，令人敬佩。游历山水，欣赏美景是次要的，关键是要在这个过程中感悟天地之道。

同理，人活一世主要不是为了追求好的物质生活、高的社会地位，关键是在这个过程中，享受活着的幸福。而幸福应从内心清净中来，世界上的种种繁华虚荣，并不能使一个人得到真正的快乐和幸福，过分执着外物，就会让生命流于形式。

有一位老和尚，自出家以来，数十年严守戒律，从未破过戒，整天提心吊胆，小心谨慎，唯恐一旦违犯戒律，死后坠入地狱。

一天晚上下小雨，老和尚从外面赶回寺院，为了抄近道，就走过一片茄子地。走着走着，忽然脚下踩着一个圆鼓鼓、软辘辘的东西，伴随着『咕』的一声。天色黑暗，伸手不见五指，老和尚忙着赶路，没有细看就回寺里了。

老和尚回到寺里细想，觉得是踩死了一只蛤蟆，肚子大，分明是怀孕了。他越想越惊慌，后悔不已，整整一晚都没睡好觉。那只被踩死的蛤蟆形象不时出现在眼前，还带数百只小蛤蟆向他讨还命债。

第二天天一亮，老和尚就跑到昨夜经过的茄子地里查看，找来找去也没找到蛤蟆的尸体，只有一只被踩到坏的老茄子。他感慨万分，做偈子说：『梦是一个谎，本是心头想，蛤蟆来索命，踩烂茄子响。』

有此时候，如果我们执着于世间万物，就会有千种折腾，万般烦恼；如果随缘任运，就会处处自由，时时潇洒。

百年如同一场大梦，人更应该珍惜现在，减少忧虑，淡泊明志，宁静致远。别总去想将来一定富贵，谁知道将来又如何呢？现在过得好，活出了真我，就已经很快乐，何必强迫自己把未来建设辉煌呢？认真享受沿途的风景，这是我们活着的很好证明。『不恋繁华性自真』，什么时候我们能放下世间繁华，什么时候就能真正享受心中的诗意画境，那么就能来去自由，洒脱轻松。

【原文】

二六七 春日气象繁华，令人心神骀荡，不若秋日云白风清，兰芳桂馥，水天一色，上下空明，使人神骨俱清也。

【译文】

春天万象更新，繁花似锦，令人心旷神怡。但是不如秋天里天高云淡，清风拂面，兰桂飘香，水天一色，景色空旷明媚，使人精神清爽，轻快异常。

【原文】

二六八 一字不识而有诗意者，得诗家真趣；一偈[1]不参而有禅味者，悟禅教玄机。

【注释】

①偈：佛经中的唱词。

【译文】

一字不识，而说话充满诗意，这种人才算得上是真的懂诗；一个从不参禅的人，话语却充满禅机，这种人才算悟得了禅宗的玄妙佛理。

【原文】

二六九 机重的，弓影疑为蛇蝎，寝石视为伏虎，此中浑是杀机；念息的，石虎可作海鸥，蛙声可当鼓吹，触处俱见真机。

【译文】

一个好挖空心思算计别人的人，能把杯中的弓影误当成蛇蝎，能把静卧的石头当成猛虎，这样的人，奸诈阴险、内心充满杀气；清心寡欲的人，可以把杀气腾腾的石虎看成自由翱翔的海鸥，把聒人的蛙声当作悦耳动听的乐曲，这样的人，所到之处，一片祥和之气。

【品读】

有一个小朋友，很想知道蛹是如何破茧成蝶的。有一次，他在草丛中玩耍时看见一只蛹，便拿了回家，日日观察。几天以后，蛹出现了一条裂痕，里面的蝴蝶开始挣扎，想抓破蛹壳飞出。艰辛的过程达数小时之久，蝴蝶在蛹里辛苦地拼命挣扎，却无济于事。小朋友看着有些不忍，想要帮帮它，便随手拿起剪刀将蛹剪开，蝴蝶破蛹而出。没想到，蝴蝶挣脱以后，因为翅膀不够有力，根本飞不起来，之后便痛苦地死去。

破茧成蝶的过程原本就非常痛苦与艰辛。蝴蝶只有忍受钻出蛹壳时的疼痛，才能翩翩起舞。小朋友的急切虽然可以充当破开蝶蛹的外力帮助，但是因为违背了自然规律，反而让爱变成了害。

在现代社会中，一些人拥有躁进的心，于是，在不断地跳槽中度过了人生中适合进步与发展的最佳时机。人们在金钱至上的追逐中失去了欢笑与幸福的能力，人们在『速度就是一切』的观念中迷失了自我。然而结果往往是，虽然百般心机想要找到成功捷径，却离成功越来越远。这和人们常说的『心急吃不了热豆腐』是同一个道理。万事万物都有一定的发展规律，越是着急，就越是有可能把事情弄得一团糟。

曾有人这样诉说自己的苦闷：『我这一两年一直心神不定，老想出去闯荡一番，总觉得在我们那个单位待着闷得慌。看着别人房子、车子、票子都有了，心里慌啊！以前也做过几笔买卖，都是赔多赚少；我去买彩票，一心想成个暴发户，可结果花几千元连个声响都没听着。后来又跳了几家单位，不是这个单位离家太远，就是那个单位专业不对口，再就是待遇不好，找个合适的工作太难啊！天天无头苍蝇一般，反正，我心里就是不踏实，闷得慌。』

这便是典型的『躁进』心理。面对急剧变化的社会，总想着领先于人，脑子总是不停地转动，最终仍是一无所获，前途更加迷茫。这种人不是对生活缺乏思考，而是在行动之前动用了太多的心机。

其实，静下心来，耐心地去追求自己想要的，成功就在不远处。

有『石佛』之称的韩国围棋第一高手李昌镐总是以一颗平常心来对待每次对弈，置胜负于度外，平心静气地走好每一步棋，才屡战屡胜，达到现在的地位。

在我们生活的时代，有些人难免有躁进的问题，而躁进是『机动』的一种表现。因为心灵『机动』，使人失去了对自我的准确定位，使人随波逐流，使人漫无目的地努力，自食『弓影疑为蛇蝎，寝石视为伏虎』

的恶果，最终事与愿违，竹篮打水一场空。其实，欲速则不达的道理大家都懂，但在实际行动中很难控制。为了避免这种情况，让自己的心静下来，这样『石虎可作海鸥，蛙声可当鼓吹，触处俱见真机』。时时擦拭心灵深处的浮躁，时时提醒自己『一口吃不成个胖子』，及时地给自己的心灵洗个澡，去除那些躁进的因子，保持一颗淡泊、宁静的心，人生才会拥有更大的幸福。

【原文】

二七〇　身如不系之舟，一任流行坎止①；心似既灰之木，何妨刀割香涂②？

【注释】

①坎止：遇险而止。②刀割香涂：刀割指诋毁，香涂指赞誉。

【译文】

身体犹如江河中的一叶扁舟，随波逐流，遇到险阻便会停止；心灵就像大火烧过的树木，人间的成败毁誉又能奈我何？

【原文】

二七一　人情听莺啼则喜，闻蛙鸣则厌，见花则思培之，遇草则欲去之，俱是以形气用事。若以性天视之，何者非自鸣其天机，非自畅其生意也？

【译文】

听见莺声就欢喜，听到蛙鸣就讨厌，见到鲜花愿为其培一把土，遇野草则想着将其拔去，这些都是只看重外表，以感官为标准，意气用事的表现。如果从万物之本性来看，有哪一种啼鸣不是大自然赋予的？又有哪一样生物不是为了自身的繁茂而生长？

【品读】

一对夫妇的一个朋友从国外回来，给他们带了一篮价格昂贵的苹果。夫妻俩觉得很新鲜，把苹果放在果盘里摆着，一直舍不得吃。后来妻子认为将这样好的苹果放在一个普通的果盘里，显得那么不协调，于是狠狠心买了价值不菲的水晶果盘，觉得这样才配得上这些色泽美丽的苹果。

可过了一段时间后，他们又发现放置果盘的茶几太旧了，实在不配，于是又买了一个新茶几。既然买了新茶几，肯定也要买配套的沙发，不久，新沙发也搬回家了。

但更糟糕的事情发生了，贵重的果盘、新式的茶几、流行的沙发和其他家具是那样的格格不入，于是他们狠狠心，把家里的家具全换了一遍。家具换完了，这下是房子了，这房子还是这对夫妇刚工作的时候单位分的旧房，也有十几年的历史了。他们最后下定决心，要换就换彻底。他们把旧房子卖了，又向朋友东借西凑，好不容易买了一栋新房。

当二人坐在新家里，再次款待那位朋友时，女主人让朋友给她的新家提点意见，朋友笑了笑，指着空空如也的水晶果盘说，里面放上些苹果不是更好吗？夫妻二人忽然发现他们已很久很久没有吃苹果了。

不管是多么漂亮的苹果也仅仅是一种水果而已，它的用途只是供人们食用而不是炫耀。故事中的这对夫妇盲目追求外在的华丽，而忘记了事物的价值和用途，结果白白给自己添了那么多的麻烦。

一般人听到悦耳的声音就高兴，听到嘈杂的声音就厌恶，看见花木就愿意去栽培，看见野草就想拔掉，这都是以貌取物的表现。万物都是一样的，并没有高低好坏之分。所以，人们对待事物的时候不要只看外表，应该着眼于其内在的价值，对待人也是一样，不可以貌取人。

孔子弟子三千，在对待弟子的问题上，孔子也难免以言取人、以貌取人。

在孔子的弟子中有一个叫宰予的，伶牙俐齿，能说会道，孔子很喜欢他。后来孔子发现他既没有高尚的德行，做学问也不勤奋，大好时光都用来睡懒觉，不禁喟叹『朽木不可雕也』。而孔子的另一个弟子，子羽，相貌丑陋，孔子以貌取人，认为他不会成才。但是，子羽为人光明磊落，不趋炎附势，为学也勤奋努力，后来仰慕他的弟子达到了三百人，他的贤名天下皆知。

孔子知道以后后悔地说：『我只凭言辞判断人，结果看错了宰予；我只凭相貌判断人，结果误会了子羽。』

圣人尚且会以貌取人，以言取人，对于普通人来说就更是如此。以貌取人的做法是很可笑的，容颜是父母给的，谁也改变不了，而个人的气质和修养是后天形成的，对于一个人来说，这才是属于他自己的本质的东西，以貌取人岂不是舍本逐末吗？

人与人交往，特别是初次交往，第一印象很重要，但是这第一眼往往从形象开始，因此人们常常习惯以貌取人。其实，以貌取人有其偏颇，甚至会因此错过品德高尚之人。我们在交友的过程中，切忌以貌取人，而是要看内在的品质。

【原文】

二七二　发落齿疏，任幻形之凋谢；鸟吟花笑，识自性之真如①。

【注释】

①真如：佛教术语。

【译文】

头发脱落、牙齿渐稀，人的躯体总要衰败消亡，大可任其自然退化而不必悲伤；从小鸟的歌唱和鲜花的盛开来体会自然之规律，才是豁达的人生观。

【品读】

有一位妇人，她只生了一个儿子。她对这唯一的孩子百般呵护，特别关爱。不幸的是，妇人的独生子忽然染上恶疾，虽然妇人尽其所能地邀请各方名医来给她的儿子看病，但是，医师们诊视以后都相继摇头叹息，束手无策。不久，妇人的独生子离开了人世。

这突然而至的打击就像晴天霹雳，妇人完全无法接受这个事实。她天天守在儿子的坟前，夜以继日地哀伤哭泣。她形若槁木，面如死灰，悲伤地喃喃自语：『在这个世间，儿子是我唯一的亲人，现在竟然舍下我先走了，留下我孤苦伶仃地活着，有什么意思啊？今后我要依靠谁啊？……唉！我活着还有什么意义呢？』

妇人决定不再离开坟前一步，她要和自己心爱的儿子死在一起！四天、五天过去了，妇人一粒米也没有吃。死神被妇人的悲痛触动了，他来到人间。死神慈悯地望着妇人，缓缓地问道：『你为什么一个人孤单地在这墓冢之地呢？』妇人忍住悲痛回答：『伟大的神啊！我唯一的儿子带着我一生的希望走了，他走了，我活下去的勇气也随着他走了！』

死神听了妇人哀痛的叙述，便问道：『你想让你的儿子死而复生吗？』

『神！那是我的希望！』妇人仿佛是水中的溺者抓到浮木一般。

『只要你拿着上好的苹果到这里，我便能咒愿，使你的儿子复活。』死神接着嘱咐，『但是，记住！这上好的苹果要从家中从来没有死过人的人家里要来。』

妇人听了，二话不说，立刻去寻找从来没有死过人的人家的苹果。她见人就问：『您家中是否从来没有人过世呢？』

『家父前不久刚过世。』『妹妹一个月前走了。』『与我同辈的兄弟姊妹都一个接着一个过世了。』

妇人始终不死心，然而，问遍了村里所有的人家，没有一家是没死过人的，她找不到这种苹果，失望地走回坟前，对死神说：『死神啊，我走遍了整个村落，每一家都有家人去世，没有家里不死人的啊……』

死神这时回答：『这个花花世界的万事万物，都是遵循着生灭、无常的道理在运行。春天，百花盛开，树木抽芽，到了秋天，树叶飘落，乃至草木枯萎。人也是一样的，有生必有死，谁也不能避免生、老、病、死，并不是只有你心爱的儿子才经历这变化无常的过程啊！所以，你又何必执迷不悟，一心寻死呢？能活着，就要珍惜可贵的生命，体悟无常的真理，从苦中解脱。』妇人听后释然。

生与死是人思考最多的，但也是最难回答的问题。把生死看透，生活将变得容易。郭沫若说过：『生死本是一条线上的东西。生是奋斗，死是休息。生是活跃，死是睡眠。』这种对生死的参透，在轻描淡写中蕴含着深刻的哲理。

何谓生？有人说：『生就是不断地把濒临死亡的威胁从自己身边抛开。』一个人要懂得生，就要知道『天地无终极，人命若朝霞』的道理，都说人生苦短，所以我们应该活得更有意义，生命不可能有两次，切莫连一次也不善于度过。

那什么是死呢？很多人谈『死』色变，其实，死本没有那么可怕，三毛说：『生是一场快乐的旅行，死是快乐的另一场出发。』死就如休息和睡眠，谁没有沉睡过呢？放轻松一点，好好地活着就是对生命的尊重，真到死亡来临的那一天，只要没有遗憾便好。

关于生与死的道理，古人早就解释得很明白了，头发稀落、形体衰朽，这是自然轮回之理，是任何人都难以逃避的。谁的身边没有逝去的人？每一秒，都不知道有多少生命在陨落，自己也终有那么一天要经历；当然，也不能太过悲伤，亲人走了，但是自己还活着，不可轻生，死是无法挽回的，但活着是难能可贵的，所以，为死去的人好好生活，也为自己好好生活，这对死去的人和自己来说，都是最好的选择。

【原文】

二七三　欲其中者，波沸寒潭，山林不见其寂；虚其中者，凉生酷暑，朝市不知其喧。

【译文】

一个内心充满欲望的人，能使平静的水潭荡起汹涌波涛，即便身在深山老林也难以平静；一个内心没有杂念的人，即使在盛夏也会感到凉爽，即使身在闹市也不觉得喧嚣。

【原文】

二七四　多藏者厚[1]亡，故知富不如贫之无虑；高步者疾颠，故知贵不如贱之常安。

【注释】

①厚：看重，推崇。

【译文】

聚敛财富过多的人，整天忧虑自己的财产被人夺去，可见富有不如贫穷那样无忧无虑；一个地位很高的人，整天患得患失，担心丢官，所以地位高的人不像平民百姓那样平安自在。

【原文】

二七五　读《易》晓窗，丹砂研松间之露；谈《经》午案，宝磬宣竹下之风。

【译文】

清晨静坐窗前攻读《易经》，用松树上的露水和着丹砂来圈点批注；中午时分围着案几谈论经书，清脆的木鱼之声随风飘到竹林。

【品读】

书是人类最好的朋友。读书可以使人明心、清脑、益智、养气。明心指读书可以开阔人的心胸，涤荡人的灵魂；清脑指读书可以拓宽人的思路，开阔人的视野；益智指读书可以增长人的知识和才干；养气指读书可以陶冶人的情操，提高人的修养和气质。

早晨在窗下诵读，用松树上的露珠来研磨朱砂批阅评点；中午在书桌旁谈论经书，只听见木鱼声和着竹林间的清风传向远方。

很多人抱怨自己想看书却没有时间，其实无须考虑太久远，争取时间，能读多少是多少。读书的境界不在于逼迫，而在于心甘情愿去接受。让读书变成生活中的一种习惯，每天读一点，日积月累就会积淀学识与修养。

三国时期的董遇是个大学问家。他告诉向他求学的人先『读书百遍』，之后才可能『其义自见』。当求学者抱怨『没有时间』时，他回答：『当以「三余」，即「冬者岁之余，夜者日之余，阴雨者晴之余」也。』即充分利用时间学习。

可见，在古代人们就已经知道充分利用时间来做学问了。

喜欢读书的人，能享受到阅读的快乐。读一本好书，可以增长见识，陶冶性情，使情感更细腻，举止更优雅，气质更深沉。常常读书的人往往是谦逊的人，因为他们从书中得知世界上可以为师的人实在太多，宇宙中还有太多的奥秘不曾被人揭露，自然不敢用目空一切的眼神睥睨天下。

所以，不仅普通人应该多读书，身处高位之人更应该多阅读，只有这样才能够谦逊知礼、眼界广博。

宋初，宋太宗命大臣李等人编了一部书，全书共一千卷，共搜集和摘录了一千六百多种古籍的重要内容，分类归成五十五门，是一部很有参考价值的书。这部书的原定书名为《太平编类》。据《春明退朝录》《宋实录》等书的记载：宋太宗对这部书很感兴趣，编成以后，他规定自己每天至少要看二至三卷，一年之内全部看完。后来，这部书被叫作《太平御览》。当时有人认为，皇帝在处理国家大事之外，每天还要阅览这部书未免太辛苦，于是劝太宗少看一些，不必每天阅读，以保证休息。宋太宗却说：『朕性喜读书，颇得其趣，开卷有益，岂徒然也。』

博览群书能使人拥有高深的学问。在信息化的世界，读书是人类获取知识的主要途径之一。多读书可以拓宽人的眼界，丰富文化修养。古人说，人可一日不食肉，不可一日不读书。学问要靠累积，人才能变得更加睿智。

读书是一件幸福的事情。正所谓『读书足以怡情，足以博彩，足以长才。其怡情也，最见于独处幽居之时；其博彩也，最见于高谈阔论之中；其长才也，最见于处世判事之际。』一本好书有无穷广博的天地，有的人读地理名胜，可以遨游天下；有的人读历史掌故，可以和古人接心神交。读书，可以让人体悟人生，读懂历史，认识世界。多读书，在身心的滋养中体味人生百态，品在其中，回味无穷，人生也将会有不一样的积淀。

【原文】

二七六　花居盆内终乏生机，鸟落笼中便减天趣，不若山间花鸟错杂成文，翱翔自若，自是悠然会心。

【译文】

花被栽植在盆里就显得缺乏生命力，鸟被关进笼中就会减少活泼可爱的天然情趣，不如山间野花艳丽，不如野鸟自在。它们自由生活在大自然中，看起来比人工培养的花、鸟显得更加赏心悦目。

【原文】

二七七　世人只缘认得『我』字太真，故多种种嗜好、种种烦恼。前人云：『不复知有我，安知物为贵？』又云：『知身不是我，烦恼更何侵？』真破的[1]之言也。

【注释】

①破的：喻发言正中要害。

【译文】

只因世人把『自我』看得太重，因此才有了各种嗜好和烦恼。古人说：『压根就不知道世上还有我的存在，又如何能知道物的可贵呢？』又说：『我的身体尚且非我所有，那世间还有什么烦恼能困扰我呢？』这些话真是太对了。

【原文】

二七八　自老视少，可以消奔驰角逐之心；自瘁[1]视荣，可以绝纷华靡丽之念。

【注释】

①瘁：困顿、劳苦。

【译文】

以老人的目光来审视少年的抱负，可以打消争强好胜、不停奔忙的心思；从没落世家回头看荣华富贵，就可以断绝追求奢华生活的念头。

【品读】

《南史》记载了一位渔夫的故事：

据说，南宋时有一渔夫，很有才学，但人们不知其姓名，也不知其乡居何处。

孙缅在浔阳担任太守时，有一天夕阳西下，他到江边漫步，见一叶扁舟在波涛中时隐时现，一会儿便看见渔夫驾船而来。渔夫神韵潇洒，垂纶钓鱼，并发出阵阵长啸。孙缅感到十分奇怪，便问道：『您钓鱼是为了卖钱吗？』渔夫笑着回答说：『我钓鱼并不是钓鱼，又怎能是卖鱼之人？』听了渔夫的回答孙缅更加惊奇。

于是他提着衣服靠近小船，对渔夫说：『我暗中观察先生，知道您是一位有才学的人。但是您每日驾舟捕鱼，也十分劳苦。我听说黄金白璧是重利，驷马高车为显荣，当今之世，王道昌明，海外隐居之士，靡然而归。您为何不向往天下的光明，而将自己的才华隐藏起来呢？』渔翁回答道：『我是山海间的一位狂人，不通达世间杂务，也分不清荣贵和贫贱。』为了表明自己的心态，渔夫又歌唱道：『勾竿，河水。相忘为乐，贪饵吞钩。非夷非惠（伯夷、柳下惠，皆是隐者），聊以忘忧。』

唱完之后，渔父向孙缅表明自己无心做官的心意，于是便悠然划桨而去。

故事中的渔翁之所以宁愿放歌于五湖四海，清贫度日，也不愿意涉足官场，就是因为他看透了官场的沉浮起落，即便身居高位、权倾一时，最终也难免有失足跌落的一天。

《菜根谭》说：『自老视少，可以消奔驰角逐之心；自瘁视荣，可以绝纷华靡丽之念。』意思是，少年人如果以老年人的眼光来看待世俗中的功名利禄，自然就会消减争名夺利之心；身处盛世中的人如果以末世的景象来对比当下的繁华，也就会断绝追求荣华富贵的念头。

这其实要告诉人们，应该有危机意识，功名利禄、荣华富贵都不会长久，我们应该放眼长远，居安思危、得宠思辱、处富虑贫，只有这样才能在危机真正到来之时有缓冲的余地。否则，当人们沉迷于眼前的安逸之时，危险往往就已经不知不觉地来临了。

世事难测，即便人们很少犯错，也难免有不虞之隙、难全之毁。人们也不知道这些貌似毫不起眼的小事在何时就成为致命的导火索。所以，任何时候都不要被表象所蒙蔽，而是应该将眼光放长远一些，时刻为即将到来的暴风雨做好准备。

【原文】

二七九　人情世态，倏忽万端，不宜认得太真。尧夫①云：『昔日所云我，而今却是伊，不知今日我，又属后来谁？』人常作如是观，便可解却胸中罥②矣。

【注释】

①尧夫：指北宋哲学家、易学家邵雍，有内圣外王之誉。字尧夫，谥号康节，自号安乐先生、伊川翁，后人称百源先生。②罥：缠绕。

【译文】

人情世故，瞬息万变，所以对任何事都不要太认真。宋儒邵雍说：『昔日所说的我，而今却变成了他，不知今天的我，以后又会变成谁。』一个人如果能常抱这种看法，就可以除去胸中缠绕的烦恼。

【品读】

三国时期，诸葛亮临危受命，立志北伐，以重兴汉室。可是，就在这个时候，蜀国南方的少数民族来侵犯，诸葛亮当即点兵南征。

诸葛亮在首次交战中就擒住了首领孟获。但孟获不服气，说胜败乃兵家常事。诸葛亮知道他不服，就下令放了他。

放走孟获后，诸葛亮故意散布说孟获将叛乱的罪名全推到他的副将身上，副将听后一直愤愤不平。一天，他将孟获请到自己帐内，然后绑送诸葛亮。诸葛亮用计擒获了孟获，但因其不服，就又放了他。

孟获回去以后，他的弟弟孟优给他献了个计谋。半夜时分，孟优带人来到汉营诈降，可惜被诸葛亮一眼识破，于是下令赏了大量的美酒给这些士兵，结果孟优的士兵都喝得酩酊大醉。这时孟获按计划前来劫营，再次被擒获。这回孟获仍是不甘心，诸葛亮就第三次放了他。

孟获回到大营，立即着手整顿军队，待机而发。一天，有探报说诸葛亮独自在阵前察看地形。孟获听后大喜，立即带了人赶去捉拿诸葛亮，谁知又中了圈套。诸葛亮知他这次肯定还是不会服气，就第四次放了他。

孟获带兵回到营中，洞主杨峰因为诸葛亮对他有恩，就与夫人一起将孟获灌醉后押到汉营。孟获五次被擒仍是不服，大呼是内贼陷害。诸葛亮便第五次放了他。

这次，孟获回去后不敢大意，他投奔了木鹿大王。木鹿大王的营很偏僻，诸葛亮带兵前往，一路历尽艰险，但最终汉兵还是打了败仗。后来，诸葛亮造了大于真兽几倍的假兽，当他们再次与木鹿大王交战时，木鹿的人马见了假兽十分害怕不战自退了。这次孟获心里虽仍有不服，但再没理由开口了，诸葛亮看出他的心思，第六次放了他。

孟获被释后转而投奔了乌戈国。乌戈国国王兀突骨拥有一支英勇善战的藤甲兵，所装备的藤甲刀枪不入。不过，诸葛亮对此早有准备，他用火攻。孟获第七次被擒，诸葛亮故意要再放了他。孟获此时已经心服口服，忙跪下起誓：以后绝不再谋反。诸葛亮见他已心悦诚服，觉得可以任用，于是便委派他掌管此地，孟获等听后不禁深受感动。从此诸葛亮便不再为少数民族地区担心而专心对付魏国去了。

诸葛亮七擒七纵孟获，正是着眼于长远，并不看重一时的得与失，而是顺其自然，直到孟获最终自己心服口服地归降。这种举动表面看起来令人不解，似乎白费了许多工夫，但实际上，只有这样才能保证蜀国南方的长远安定，如若没有这七擒七纵，以孟获反复无常的性格来看，再次动乱的可能性是非常大的。诸葛亮七次放走孟获表面上看是失去了多次平定南方的机会，而实际上却是一劳永逸，再也不用分心应付南方的少数民族了。

古人说，人世间的冷暖炎凉变化无常，所以不应该看得那么认真，也不必计较于一时的得失，这样的话就可以免除许多烦恼。

在有些时候，失去的同时也得到了，而得到的远远比失去的要多。很多人创造奇迹的关键就在于他们不计较一时的得失，而是顺其自然，以平常心来对待生活中的各种不如意。

【原文】

二八〇 热闹中着一冷眼，便省许多苦心思；冷落处存一热心，便得许多真趣味。

【译文】

在热闹的场面中能够保持头脑冷静，就可减少很多不必要的忧虑；在贫困潦倒被人冷落之时，如能保持奋斗精神，就可以领略人生最大的乐趣。

【品读】

一天，光严童子为寻求适于修行的清净场所，决心离开喧闹的城市。在他快要出城时，遇到维摩居士。

光严童子问维摩居士：『你从哪里来？』

『我从道场来。』

『道场在哪里？』

『直心是道场。』

听到维摩居士讲『直心是道场』，光严童子恍然大悟。『直心』即纯洁清净之心，即抛弃一切烦恼，灭绝一切妄念，纯一无杂之心。有了『直心』，在任何地方都可修道；若无『直心』，就是在最清净的深山古刹中也修不成正果。

在生活中，很多人都喜欢把失败归因于周围的环境，而很少有人考虑自身原因。

在熙熙攘攘的人群之中，假如能冷静观察事物的变化，就可以减少很多不必要的心思；一个人穷困潦倒不得意时，仍能保持一股向上的精神，就可以获得很多真正的生活乐趣。世界充满了纷纷扰扰，人的心灵当似高山不动，不能如流水不安。居住在闹市，在嘈杂的环境之中，不必关闭门窗，只任它潮起潮落，风来浪涌，我自悠然如局外之人，没有什么能破坏心中的凝定。身在红尘中，而心早已出世，在白云之上，又何必『入山唯恐不深』。所谓『闹中取静，冷处热心』就是告诉人们如果淡泊外物，宠辱不惊，即使身处闹市也能保持内在的宁静不为外在的喧嚣所打扰，即使落寞失意也仍然可以不因一时的失意而苦恼，而是能够自得其乐，在淡泊中奋起。

多年前，一家钢铁厂经营不景气，严重亏损。在众人都纷纷离去的时候，厂长并没有放弃经营，而是继续坚持下去。在别人看来，这是一个错误的决定，因为钢铁厂债重难还，而生产设备又落后，员工凝聚力涣散，这是一个巨大的洞，根本无法填平。

面对种种议论，厂长却坦然地说：『当年我来到这个钢铁厂的时候，口袋里只有五元钱，是这个厂令我成功，现在是我回报它的时候了，如果我失败了，那就等于损失了五元钱。』

【原文】

二八一　有一乐境界，就有一不乐的相对待；有一好光景，就有一不好的相乘除①。只是寻常家饭，素位②风光，才是个安乐的窝巢。

【注释】

①乘除：抵消。②素位：现在所处的地位。

【译文】

有快乐的，也会有哀伤；有美好的光景，也会有艰难困窘的苦日子。可见有乐必有苦、有好必有坏，只有平平凡凡，安分守己，才是最靠得住、最能抵御人生风浪的安乐窝。

【原文】

二八二 帘栊高敞，看青山绿水吞吐云烟，识乾坤自在；竹树扶疏①，任乳燕鸣鸠送迎时序，知物我之两忘。

【注释】

①扶疏：枝叶茂盛，高低疏密有致。

【译文】

把窗帘高高卷起，看远山苍翠，绿水荡漾，白云缭绕，这时才意识到大自然是多么安闲而神奇。窗前花木茂盛，翠竹摇曳，雏燕翻飞，斑鸠鸣叫，送走冬天，迎来新春，此时才感觉到忘记了周围的一切，也忘掉了自我，进入一种物我两忘的世界。

【品读】

关于自然，中国自古就有风格各异的山水田园诗做伴。诗人们以田园山水为审美对象，把细腻的笔触投向静谧的山林、悠闲的田野，营造一种田园牧歌式的生活，借以表达对现实的不满，对宁静平和生活的向往。对于写出那些经典的田园诗歌的人来说，很多是在对现实不满的状况下选择了回归山林，归隐田园，在远离尘世的地方，得一颗闲适的心。后人也从那优美的诗句中，加深了对那种安逸的田园生活的向往。

当下，我们改变不了社会的快节奏和高速度，但可以控制自己的生活节奏。在节假日，我们完全可以放下手中的工作，让自己融入大自然中。大自然会敞开怀抱，把日月星辰、山山水水、花草树木、飞禽走兽、空气海洋无私地赐给你。如果你热爱它、亲近它，就能与其和谐相处，并且拥有万贯金钱也买不到的健康。

有人曾经写了这样一段话：

『平时在都市里生活，我看惯了摩天大厦，厌倦了让人窒息的、熙熙攘攘的街道。紧张忙碌的工作常常使我焦虑，机械的上下班模式，影响了自己的生活情趣，导致我睡眠质量差，白天恍恍惚惚的，精神比较萎靡，感觉浑身不自在。

然而当我驰骋在乡村的田野上，大口大口吸着大自然的「真气」，享受着山水形成的天然「氧吧」，沐浴着阳光的爱抚，一下子我的精神振奋起来，思绪仿佛在白絮的柔云上飘扬。我多么希望自己能居住在依山傍水的村庄，白天在田间耕耘以强身健体，夜晚点烛读书以陶冶情操。远离了名利场，别离了喧嚣的城市，每天过着陶渊明式的日出日落的田园生活，岂不快哉！我想，这种生活方式是最闲雅、最诗意、最梦幻的。』

只会工作、学习，不会享受生活，这是人生的一大遗憾。还记得陶渊明的那首流传千古的《饮酒》吗？他淋漓尽致地描写自然的美景和他对生活的态度，其中蕴含着何等恬然，又何等空灵、超脱的大境界！如果你能够把陶氏慢生活的真意时刻放在心上，享受人生长途，体验生命的大自在，那么就会发现，生活原来可以如此美好。

诗情画意的山水，是人们心灵的归宿。在物质生活不断丰富的今天，越来越多的城市居民开始厌倦都市车水马龙的喧嚣和工作快节奏的烦躁，向往诗人笔下安逸的山水田园生活。优美的自然山水，淳朴的乡村生活，可以满足都市人回归自然的愿望。但是有时迫于生活压力，不得不整日忙于工作，处理各种各样错综复杂的关系，面对和承担各种各样的责任。

古代的诗人给我们留下了那么多优美的田园诗篇，更为我们展示了一种田园的心态。其实，只要心里有田园，那么你就可以身处田园之境。读诗，读田园诗，在诗歌里，我们可以看到田园的美丽风光，也可以让自己的心静下来，拥有一份闲适的心，是谓：『暧暧远人村，依依墟里烟。狗吠深巷中，鸡鸣桑树颠』，『白日掩柴扉，对酒绝尘想。时复墟里人，披草共往来。相见无杂言，但道桑麻长』。乾坤自在，乐享天然，物我两忘，意旨悠远，这是多么令人欣羡。

【原文】

二八三　知成之必败，则求成之心不必太坚；知生之必死，则保生之道不必过劳。

【译文】

做事情有成功，也会有失败，所以追求成功的欲望就不必过分强烈；世间万物有生必有死，所以就不必挖空心思去钻研养生之道。

【品读】

有人说，在人的一生之中只有三件事，一件是『自己的事』，一件是『别人的事』，一件是『老天爷的事』。今天做什么，今天吃什么，开不开心，要不要助人，皆由自己决定；别人有了难题，他人故意刁难，对你的好心施以恶言，别人主导的事与自己无关；天气如何，狂风暴雨，山石崩塌，对于人力所不能及的事，过于烦恼，也是于事无补。

人活得不自在，很辛苦，只是因为总是忘了自己的事。所以要轻松自在很简单：打理好『自己的事』，不去管『别人的事』，不操心『老天爷的事』。所以，在某些地方不必过于刻意强求，一切还是顺其自然为好。

有一位神射手，叫后羿。经过多年的勤学苦练，加上先天的禀赋，他练就了一身百步穿杨的好本领，立射、跪射、骑射样样精通，而且箭箭都射中靶心，从来没有失过手。人们对他充满敬佩，争相传颂他高超的射技。

夏王从身边人那里听说了这位神射手的事迹，想一睹风采，于是把后羿召入宫来，让后羿单独给他一个人演习一番。

后羿被带到宫中，在御花园里的一个开阔地带，夏王叫人拿来一块一尺见方、靶心直径大约一寸的兽皮箭靶，用手指着说：『今天请先生来，是想请你展示一下精湛的本领，这个箭靶就是你的目标。为了使这次表演不至于沉闷乏味，我来给你定个赏罚规则。如果射中的话，我就赏赐给你黄金万两；如果射不中，就削减你一千户的封地。现在请先生开始吧。』

后羿听了夏王的话，一言不发，面色凝重。他慢慢走到离箭靶大约一百步的地方，脚步显得相当沉重。然后，后羿取出一支箭搭上弓弦，摆好姿势拉开弓准备射击。

想到自己这一箭出去可能发生的结果，一向镇定的后羿呼吸变得急促起来，拉弓的手也微微发抖，几次都没有把箭射出去。过了好一会儿，后羿终于下定决心松开了弦，箭应声而出，『啪』地一下射到离靶心足有几寸远的地方。后羿脸色一下子白了。他再次弯弓搭箭，精神却更加不集中了，射出的箭也偏得更加离谱。

后羿收拾弓箭，勉强微笑着向夏王告辞，悻悻地离开了王宫。夏王在失望的同时掩饰不住心头的疑惑，就问手下道：『这个神箭手后羿平时射起箭来百发百中，为什么今天跟他定下了赏罚规则，就大失水准了呢？』

手下解释说：『后羿平日射箭，不过是一般练习，在一颗平常心之下，水平自然可以正常发挥。可是今天他射出的成绩直接关系到他的切身利益，自然会患得患失，所以不可能静下心来充分施展技术。』

因为被利益所牵扯，后羿便产生了患得患失的心理，在行事的过程中也就出现了差错。患得患失是人生的精神枷锁。

一个人的才华、时间、精力毕竟有限，想做好一切事是不可能的。有些事，别人行，并不一定自己也行，昨天行并不意味着今天还行。尊重现实，顺其自然乃智者之举，患得患失不仅折磨自己的心智，更会使自己一事无成，苦恼不堪。

其实，得与失只有一线之隔，意以为得，就是得意；意以为失，就是失意。颜回居陋巷，一箪食，一瓢饮，也能得意在其中；秦王统一六国，兼并天下，也能失意于其间。说到底，总是内心的欲望在作祟。

有得必有失，有成功就有失败，有生就有死，这是『老天爷的事』，是自然的规律，我们只要做好自己分内的事情，将成败盛衰、生死荣辱看作是自然的安排，不必放在心上，这是一种旷达、超然的人生境界，是最好的『保生之道』。

【原文】

二八四　古德①云：『竹影扫阶尘不动，月轮穿沼水无痕。』吾儒②云：『水流任急境常静，花落虽频意自闲。』人常持此意，以应事接物，身心何等自在！

【注释】

①古德：指年高得道的僧人。②吾儒：古代儒生对有名望的老者的称呼。

【译文】

有一位高僧说：『竹影掠过台阶，虽似扫阶而尘土却不为所动；月光越过池沼，虽似穿水而水面却平静无痕。』邵雍也说过：『流水再湍急，我的内心却保持平静；虽然落花纷纷，我却无动于衷，意志安闲。』人如果能够常持这种心境处世接物，身心该是多么欢畅自在。

【原文】

二八五　林间松韵，石上泉声，静里听来，识天地自然鸣佩；草际烟光，水心云影，闲中观去，见乾坤最上文章。

【译文】

山风吹过松林，发出阵阵涛声。飞瀑溅落，使岩石发出阵阵冲击声。凝神静听，这些都是大自然相互撞击发出的美妙乐声；烟霭笼罩草地，白云倒映水中，在悠闲时细细观看，这些都是大自然最赏心悦目的画面。

【品读】

清晨起来，突然有想到山顶看日出的念头，于是沿着石阶走了很多层，清脆的鸟鸣和清新的空气已足以让人惬意万分，那么，此时尽可以将脚步打住。因为站在山腰看日出一点也不逊色，展现在眼前的未尝不是一道绝美的风景。

自然万物的精美奥妙，在于人的感同心知，静观默念。处于这个纷繁的世界，要懂得亲近自然，悠闲自在地享受绿色的安慰。

一对年轻夫妇在繁闹的都市居住。时间一长，觉得生活就像部运转的机器，虽然总是在忙忙碌碌地转着，但太千篇一律了，即使是那些花样繁多的休闲娱乐项目，也像快餐一样，只能满足一时的胃口，过后很少会有余香留下。于是他们决定去乡下放松放松，他们开车南行，到了一处幽静的丘陵地带，看见小山旁有个木屋，木屋前坐了一个独居的隐士。那个年轻的丈夫就问隐士：『你住在这样人烟稀少的地方，不觉得孤单吗？』

隐士说：『你说孤单？不！绝不孤单！我凝望那边的青山时，青山给我一股力量；我凝望山谷，每一片叶子包藏着生命的秘密；我望着蓝色的天，看见云彩变幻成永恒的城堡；我听到溪水潺潺，好像向我的心灵细诉。我的狗把头靠在我的膝上，从它的眼中我看到忠诚和信任；我休憩的时候，虫鸣鸟啼，为我演奏悦耳的音乐；我读书的时候，花香叶翠，抚平我浮躁的心境；屋后的菜园里种着我最喜欢吃的菜，丰收的时节，我还能和松鼠一起摘到最新鲜的水果……这么多同伴，孤独从何而来？』

置身于大自然当中，默默地享受，静静地倾听，心尤为愉快，哪还有什么孤独、空虚。大自然具有无穷无尽的美，在你失意烦躁时，只要你走进自然，感受它优美的风景，你的心很快就会轻松起来，并获得无限的美的享受。

处于自然当中的人，得以用更宽广的视角看自己，并调整看事情的角度。于是问题似乎显得比较简单，或觉昨天的事不过是幻象罢了。奇妙之事继续发生：我们花越多时间在大自然美景中，就能越多地感受简单自然中的真纯。

一个六岁的小女孩问妈妈：『花儿会说话吗？』

『噢，孩子，花儿如果不会说话，春天该多么寂寞，谁还对春天留恋？』

小女孩满意地笑了。

小女孩长到十六岁，问妈妈：『天上的星星会说话吗？』

『噢，孩子，星星若能说话，天上就会一片嘈杂，谁还会向往天堂静谧的乐园？』

小女孩又满意地笑了。

女孩长到二十六岁，已经成熟了。一天，她悄悄地问做外交官的丈夫：『昨晚宴会，我表现得合适吗？』

『棒极了，亲爱的！』外交官不无欣赏和自豪，『你说话的时候，像叮咚的泉水、悠扬的乐曲，虽千言而不繁；你静处的时候，似浮香的荷、优雅的鹤，虽静音而传千言……亲爱的，能告诉我你是怎样练习的吗？』

妻子笑了：『六岁时，我从当教师的妈妈那儿学会了和自然界的对话。在和自然的对话中，我要心灵安静才能听到自然的回应。如此，我慢慢地学会了用心聆听，和自己对话，我听到自己的真实情感，和生活交谈，我从心里领悟自然而然的活就是美丽。』

做一个快乐的人，就要学会接受自然的滋养，在自然中接受灵性的甘霖，学会静心，默想生活中的每时每刻的内容。

融入大自然的怀抱就像是走进了一座巨大而精美的、弥漫着优雅和魅力的宫殿。展现在我们面前的大自然，是这样庄严、美丽、可爱。在这里有轻风在驰骋，有泉流在激溅，有鸟儿在鸣啼，风的微吟、雨的低唱、虫的轻叫、水的轻诉，显得那么抑扬顿挫、长短疾徐，再加上夕阳的霞光、花儿的芬芳、高山的宏伟、彩虹的艳丽、空气的舒爽，构成了足以让天使陶醉的画面，而置身于其中的我们，又怎能不像喝了醇酒一般呢？但是，这种美丽和恬静是无法靠金钱来换取的。只有那些与大自然的脉搏一起跳动，心中充满了温情和爱的人，才能真正地发现它们、欣赏它们，并拥有它们。

【原文】

二八六　眼看西晋之荆榛①，犹矜②白刃；身属北邙③之狐兔，尚惜黄金。语云：『猛兽易伏，人心难降；溪壑易填，人心难满。』信哉！

【注释】

①荆榛：比喻艰危，困难。②矜：自夸。③北邙：山名，即邙山，也叫郏山、北山。后泛指墓地。

【译文】

西晋时期，眼见国破家亡，民不聊生，可是一些高官显贵还在那里炫耀武力；不久就要身死入土，尸体多半沦为狐鼠之食，还在那里锱铢必较吝啬钱财。俗话说：『猛兽容易制伏，人心却难以降服，沟壑可以填满，人心难以填满。』这话一点不假啊！

【原文】

二八七　**心地上无风涛，随在皆青山绿水；性天中有化育，触处见鱼跃鸢飞。**

【译文】

只要心中没有风波浪涛，到处所见都是一片青山绿水的美景；只要天性温和善良，仁慈博爱，那么随时都仿佛看见鱼在腾跃，鸢鸟高飞，充满无限生机。

【原文】

二八八　**峨冠大带之士，一旦睹轻蓑小笠，飘飘然逸也，未必不动其咨嗟①；长筵广席之豪，一旦遇疏帘净几，悠悠焉静也，未必不增其绻恋。人奈何驱以火牛②、诱以风马③，而不思自适其性哉？**

【注释】

①咨嗟：叹息。②火牛：双角绑上利刃，尾巴绑上易燃物点燃令其冲向敌军的牛，最早春秋时齐将田

单破燕军时用了火牛。这里指战争。③风马：风马牛不相及，比喻毫不相干的事情。

【译文】

身着官服的人，一旦看到那些披着蓑衣、头戴竹笠，显得无所拘束、飘逸潇洒的人，难免会发出由衷的感慨；终日周旋于交际应酬、奢侈饮宴的富豪，一旦看到那收拾得窗明几净的小家庭院，是那么清静怡人，难免会产生一种留恋不舍的情怀。既然如此，人们为什么要被不相干的事情迷惑，以至于兵戎相见，而不去追求那种恬然清淡、适合人之本性的生活呢？

【原文】

二八九　鱼得水逝，而相忘乎水，鸟乘风飞，而不知有风，识此可以超物累，可以乐天机。

【译文】

鱼只有借助水才能游来游去，但它并不感到水对它至关重要；鸟只有借助风才能自由飞翔，但它们在飞行时却感觉不到风的存在；人如能看清此中道理，就可以超然于物欲的诱惑之外，充分享受大自然的恩赐。

【品读】

一个人在他二十多岁时因为被人陷害，在牢房里待了十年。后来冤案告破，他终于走出了监狱。出狱后，他开始不停地控诉、咒骂：『我真不幸，在最年轻有为的时候竟遭受冤屈，在监狱度过本应最美好的一段时光。那样的监狱简直不是人居住的地方，狭窄得连转身都困难。唯一的小窗口几乎进不到一丝阳光，冬天寒冷难忍，夏天蚊虫叮咬……真不明白，上帝为什么不惩罚那个陷害我的家伙，即使将他千刀万剐，也难解我心头之恨啊！』

七十五岁那年，在贫病交加中，他终于卧床不起。弥留之际，一位德高望重的老人来到他的床边：『已经过去那么多年了，为何还如此耿耿于怀呢？』

老人的话音刚落，病床上的他声嘶力竭地叫喊起来：『我怎么能释怀，那些将我陷于不幸的人现在还活着，我需要的是诅咒，诅咒那些施予我不幸命运的人……』

老人问：『你因受冤屈在监狱待了多少年？离开监狱后又生活了多少年？』他恶狠狠地将数字告诉了老人。

老人长叹了一口气：『你真是世上最不幸的人，他人囚禁了你区区十年，而当你走出监牢本应获取永久自由的时候，你却用心底里的仇恨、抱怨、诅咒囚禁了自己整整四十年！』

十年的时间纵是漫长，可是相比较四十年，这又算得了什么！世上最不幸的人就是囚禁自己心灵、被外物所累的人。有一位哲人说过：『世界上没有跨越不了的事，只有无法逾越的心。』

很多人往往会自寻烦恼，硬是给自己套上枷锁，从而疲惫不堪。打破心中的壁垒，除掉心中的垃圾，就可以在属于自己的天空中自由翱翔。人之所以不快乐，就是因为活得不够单纯。其实，不要去刻意追求什么，不要向生命索取什么，不要为了什么而给自己设置障碍。

外面的景致再美，也无法使我们真正地休心息虑，看一池荷花，于污泥之中生，观者中有人欢喜有人忧，然而一池荷花就在那里，不为繁华蒙蔽，不为别人的眼光而活。

世间万事转头空，想通了，想透了，心也就豁然了。名利是绳，贪欲是绳，嫉妒和褊狭都是绳，还有一些过分的强求也是绳。牵绊我们的绳子很多，一个人，只有摆脱这些心的绳索，才能享受真正的幸福，才能体会做人的乐趣。不要被世俗的绳结羁绊，听从内心真切的呼唤，便能享受属于自己的幸福。

鱼得水游，而相忘于水，所以鱼得天之乐；鸟乘风飞，而不知风，同样能得天之乐。正因为物我两化，才不被物欲所制约，心性自由了，乐也自然而然地出现了。

【原文】

二九〇 狐眠败砌①，兔走荒台，尽是当年歌舞之地；露冷黄花，烟迷衰草，悉属旧时争战之场。盛衰何常？强弱安在？念此令人心灰！

【注释】

①砌：台阶，代指建筑。

【译文】

狐狸栖息的残垣断壁，野兔奔跑的废亭荒台，都是当年歌舞之地；遍地菊花在寒风中抖擞，枯草在烟霭中摇曳，那都是从前英雄争霸的战场。人世的兴盛和衰落有什么常理？无论强大还是弱小如今都已逝去。每当想到这些，不由得令人心灰意冷啊！

【原文】

二九一 宠辱不惊，闲看庭前花开花落；去留无意，漫随天外云卷云舒。

【译文】

无论受到宠爱还是羞辱都无动于衷，用安静的心情欣赏庭院中的花开花落；无论做官还是退隐都不在乎，学那天边的闲云时而聚拢，时而舒展，无拘无束。

【原文】

二九二　晴空朗月，何天不可翱翔？而飞蛾独投夜烛；清泉绿卉，何物不可饮啄？而鸱鸮偏嗜腐鼠①。噫！世之不为飞蛾鸱鸮者，几何人哉？

【注释】

①鸱鸮：指猫头鹰，比喻庸俗之人珍视贱劣之物。

【译文】

晴朗的天空中，皎洁的月光下，哪里不能够自由自在地飞翔？而飞蛾偏要扑向灯烛，自取灭亡；清澈的泉水、翠绿的瓜果，哪一样不能享用？可是鸱鸮偏偏爱吃腐烂的老鼠。唉！世上的人能够不当飞蛾和鸱鸮的，又有几个呢？

【品读】

有人说：『当一个人知道自己想做什么时，整个世界都会为之让路。』问题是很多人往往并不知道自己想做什么，想要什么。这就像有些人购物一样。他们有不由自主地趋向于同多数人相一致的购买行为，这种盲目追随他人购买的行为，在表面看来是让购买者得到了某种利益，事实却并非如此。很多人曾受抢购风的影响而买回一大堆东西，事后懊悔不已。

如果把人生比作一个大市场的话，面对琳琅满目的商品，盲从是对人生不负责的一种表现，盲从者从不愿意挑起『思考』『开创』的重任。这就像有人说的那样：

动物明白自己的特性：熊不会试着飞翔。驽马在跳过高高的栅栏时会犹豫。狗看到又深又宽的沟渠时会转身离去。但是，人是唯一一种不知趣的动物，受到愚蠢与自负天性的左右，对着力不能及的事情大声地嘶吼——坚持下去！出于盲目和顽固，荒唐地执迷于自己最不擅长的事情，使自己历尽艰辛，然而收获甚微。

盲从是可怕的，这时候人们的思想被『大众』所局限，有时我们明明知道自己已经错了，还是要继续错下去，或是已深陷痛苦之中，却仍然不愿逃离出来。在『不敢』或『不舍』中逐渐将自己陷于困局。如果明知这条路不适合自己，或明知继续走下去的结果只是枉然，何不立即舍弃而重新开始呢？坚持固然是一种良好的品性，但在有些事上过度坚持，反而会导致更大的失败。

在某种意义上，当一个人的发展遭遇某种瓶颈时，可以以『归零』的方式放弃从前。关上身后的那扇门，你会发现另一个美丽的花园，找到另一番激情和乐趣。

一个年轻人，因为恋慕已久的女人要嫁给一个富商，十分痛苦。自此自暴自弃，破罐破摔，每天喝得烂醉如泥，惹是生非。镇上的人见了他，纷纷侧目，迎面走过的人更是纷纷避让，生怕招惹祸端。一个在镇上颇有威望的老者见到他这副模样，于是呵斥他道：

『有本事你就把她追回来。』『可是，她已经要嫁给别人了。』年轻人哀怨地说。『如果你有本事，你就有机会，你还有时间，你需要的是振作！』老者义正词严地说。

『可我一无所有，怕是没什么指望了。』年轻人哀怨着。

『你还有今天。你还有明天。你还有一身的力气。』老者说道。

在老人的殷殷教诲之下，年轻人终于鼓起勇气，离开了小镇，远走他乡……三年后，年轻人回到镇上，找到了那位教诲他的老人。老人告诉他，那个女人已经嫁给了富翁。年轻人笑了笑，说：『一切都已经过去了，你教给我的不是怎么娶一个女人，而是教会我做人的道理，这才是最重要的。』

人生路有多条，何必将自己逼进死胡同呢？放下对外物的执着，才能让自己进退安如。常言道，天无绝人之路。一扇门被关闭时，另一扇窗会被打开。在人生走到歧路或绝境时，千万不要绝望灰心。因为正有另一条大路向我们展开坦途。

飞蛾扑火会自取灭亡，晴空朗月，心胸豁达，潇洒自如，才是极乐世界；清泉绿草，可以随处品赏。有时人不必过于执着，应如庄子所言，像婴儿一样，若有若无地自在把握，反而能够将幸福抓住。

【原文】

二九三　才就筏便思舍筏，方是无事道人；若骑驴又复觅驴，终为不了禅师。

【译文】

刚乘上木筏，便想着到达彼岸后舍弃木筏，这样的人才不会为外物所累；假如骑着驴还在找驴，那就证明欲心未绝，还尚未悟道。

【品读】

在汉语里，『舍得』一词很值得玩味。舍得，有舍有得，小舍小得，大舍大得，不舍不得。凡事有利必有弊，你在这里得到一片地，你在那里可能会失去一片天，正如针无双头尖一样，所谓两头兼顾，两全其美，想好处尽得，是很难的，往往会落得个顾此失彼，前功尽弃的结局。

人生在世，有许多东西是需要不断放弃的。在仕途中，放弃对权力的追逐，得到的是宁静与淡泊；在淘金的过程中，放弃对金钱无止境的掠夺，得到的是安心和快乐；在春风得意、身边美女如云时，放弃对美色的占有，得到的是家庭的温馨和美满。因此，对于得到的东西，要知道珍惜，对于失去的东西，要尽量糊涂，不要过分计较。

有一位住在深山里的农民，经常感到环境艰险，难以生活，于是便四处寻找致富的好方法。一天，一位从外地来的商贩给他带来了一样好东西。但据商贩讲，这不是一般的种子，而是一种叫作『苹果』的水果的种子，只要将其种在土壤里，两年以后，就能长成一棵棵苹果树，结出数不清的果实，拿到集市上，可以卖好多钱呢！

欣喜之余，农民急忙将苹果种子小心收好，但脑海里随即涌出一个想法：既然苹果这么值钱、这么好，会不会被别人偷走呢？于是，他特意选了一块偏僻的地方来种植这种颇为珍贵的果树。

经过近两年的辛苦耕作、浇水施肥，小小的种子终于长成一棵棵茁壮的果树，并且结出累累果实。于是，农民特意选了一个吉利的日子，准备在那一天摘下成熟的苹果挑到集市上卖个好价钱。

当这一天到来时，他非常高兴，一大早便上路了。但当他气喘吁吁爬上山顶时，却发现那一片红灿灿的果实，竟然被外来的飞鸟和野兽们吃了个精光，只剩下满地的果核。想到这几年的辛苦劳作和热切期望，他不禁伤心欲绝，大哭起来。他的财富梦就这样破灭了。在随后的岁月里，他的生活仍然艰苦，只能苦苦支撑，一天一天地熬日子。

不知不觉之间，几年的光阴如流水一般逝去。一天，他偶然又来到这片山野。当他爬上山顶后，突然愣住了，因为在他面前出现了一大片茂盛的苹果林，树上结满了果实。

这会是谁种的呢？他思索了好一会儿才找到答案。

几年前，那些飞鸟和野兽吃完苹果后，就将果核吐在了旁边，经过几年的生长，果核里的种子长成了一片茂盛的苹果林。现在，这位农民再也不用为生活发愁了，这一大片林子中的苹果足以让他过上舒适的生活。如果当年不是那些飞鸟和野兽们吃掉了那小片苹果树上的苹果，今天肯定没有这一大片果林了。

农民以为自己失去了大片果林，实际上却收获了另一片果林。花草的种子失去了在泥土中的安逸生活，却获得了在阳光下发芽微笑的机会；小鸟失去了几根美丽的羽毛，经过跌打，却获得了在蓝天下凌空展翅的机会。人生总在失去与获得之间徘徊。没有失去，也就无所谓获得。

我们每个人都会有一个目标，一个属于自己的象牙塔。然而在通往象牙塔的路上，会有许许多多的诱惑，譬如争奇斗艳的鲜花、绚丽迷人的景色等。但为了到达象牙塔，我们必须越过一道道障碍，放弃路边的美景。因为象牙塔里有更精彩的人生等着我们去体验。

《菜根谭》说，虽然才刚刚登上竹筏，但是一上岸后就要舍弃这竹筏，这才不会被外物羁绊；既然已经骑在一头驴上了，就不要再想着找另外一头驴，否则永远也了却不了尘缘。所以，人要有所得必有所失，只有学会放弃，才有可能登上人生的高峰。

【原文】

二九四　权贵龙骧①，英雄虎战，以冷眼观之，如蚁聚膻，如蝇竞血；是非蜂起，得失猬兴，以冷情当之，如冶化金，如汤消雪。

【注释】

①龙骧：像龙马高昂着头，形容人的气概威武。

【译文】

达官显贵雄踞高位，如巨龙腾飞，威风凛凛。英雄豪杰披坚执锐，殊死相斗，杀得天昏地暗。冷眼旁观这些情形，就如同蚂蚁被膻腥味引诱在一起、苍蝇为争食血腥聚集在一起一样，都是令人感到恶心的局面；是非成败宛如蜂群飞舞一般纷乱，利害得失宛如刺猬、针头一样密集，如果冷静下来思考，这些情形就如同熔炉化铁、开水浇雪一样，很快就会化开。

【原文】

二九五　羁锁①于物欲，觉吾生之可哀；夷犹②于性真，觉吾生之可乐。知其可哀，则尘情立破；知其可乐，则圣境自臻。

【注释】

①羁锁：羁绊，束缚。②夷犹：迟疑不前，从容自得。

【译文】

人如果被世俗贪欲所束缚，就会觉得人生很悲哀；如果能悠闲自得地陶冶性情，便会觉得人生有了很多乐趣。意识到追求物欲的悲哀，庸俗的欲念就会立即消失；能够体会人生的快乐，则圣洁的境界自然到来。

【原文】

二九六　胸中既无半点物欲，已如雪消炉焰冰消日，眼前自有一段空明，时见月在青天影在波。

【译文】

一个人内心纯朴，世俗的物欲就像火炉熔雪、阳光化冰一般快速清除；一个人如能把眼光放长远一些，面前自然会呈现一片清朗景象，宛如皓月当空、月影倒映水中，令人气爽神清。

【原文】

二九七　诗思在灞陵桥①上，微吟就，林岫②便已浩然；野兴在镜湖曲边，独往时，山川自相映发。

【注释】

①灞陵桥：因灞水西高原上有汉文帝霸陵，故称。②岫：山。

【译文】

在充满别情和诗意的灞陵桥边写诗，但觉山林间飘荡着浩然之气；在美丽清幽的镜湖边野游，独自前往，清澈的水面映着山峦，让人流连忘返。

【品读】

这句话为我们描绘了这样一种幽然意境：人在灞陵桥上，诗兴大发，刚刚低声吟完，山峦丛林已经充满了诗情画意；人在镜湖之畔，独自漫步时，就可看见山水互相辉映，令人陶醉。这派悠然与《夕阳箫鼓》所蕴含的趣味相似：在那暮鼓送走夕阳，箫音迎来圆月的傍晚，驾起轻舟，在平静的春江上漫游，两岸青山叠翠，花枝弄影；水面波心荡月，桨橹添声。乐曲通过委婉质朴的旋律，流畅多变的节奏，巧妙细腻的配器，丝丝入扣的演奏，形象地描绘月夜春江的迷人景色，尽情赞颂江南水乡的风姿异态。全曲就像一幅工笔精细、色彩柔和、清丽淡雅的山水长卷，引人入胜。

在优美的旋律中，人们沉醉于对春江及其两旁景象的遐想之中，正是这份宁静，让人们的心灵得以沉淀，感悟生活的美好、人生的美妙。

富有的农夫在巡视谷仓时，不慎将一只名贵的手表遗失在谷仓里，他在偌大的谷仓内遍寻不获，便定下赏金，要农场上的小孩到谷仓帮忙，谁能找到手表，就给谁五十美元。

众小孩在重赏之下，无不卖力地四处翻找，但是谷仓内尽是成堆的谷粒，以及散置的大批稻草，要在这当中找寻小小的一只手表，实在是如大海捞针。

小孩们忙到太阳下山仍无所获，一个接着一个放弃了赏金的诱惑，回家吃饭去了。只有一个贫穷的小孩，在众人离开之后，仍不死心地努力找着那只手表，希望能在天黑之前找到它，换得那笔巨额赏金。

谷仓慢慢变得漆黑，小孩虽然害怕，仍不愿放弃，不停摸索着，突然他发现静下来之后，出现奇特的声音。

那声音『嘀嗒』『嘀嗒』不停响着，小孩停下所有动作，谷仓内更安静了，嘀嗒声显得更加清晰。小孩循着声音，终于在漆黑的谷仓中找到那只名贵的手表。

寂静让这个贫穷的小孩找到了那只名贵的手表，获得了他渴望的赏金。对于贫穷的他来说，那笔赏金就是他那一阶段的梦想、那一阶段的生活中的幸福。得到了心中渴望的金钱，梦想成真，快乐自然由心底散发。

一日，六祖惠能从两个僧人身边经过，听到这两个僧人正在争吵，就在旁边停了下来。

原来是因为一阵风吹过，吹动了经幡而引起了两个人的争执。一名僧人说：『是风在动。』而另一名僧人反对说：『错！明明是幡在动。』

惠能禅师走到两人跟前，说：『你们俩都错了，不是风动，也不是幡动，而是心动，是你们的心在动。』

行色匆匆的人自然是欣赏不到清幽静雅之趣的。

古人说：『如何三万六千日，不放心身静片时？』保持心灵平静，便能以慈悲、开放的心面对生活的挑战，并以从容、宽广的态度，看待所生存的世界。

滚滚红尘中，静谧之心难求。身陷欲望泥潭的人们，品味着生活的紧张与焦灼，却难以摆脱这痛苦的泥潭，反而越挣扎越身陷其中。此时，持一颗静谧之心，品悟生活的宁静，得以窥见灵魂深处的欲求，快乐遂成永恒。

【原文】

二九八　伏久者飞必高，开先者谢独早；知此，可以免蹭蹬①之忧，可以消躁急之念。

【注释】

①蹭蹬：险阻难行。

【译文】

隐伏很久、养精蓄锐的鸟，一旦飞起必定直冲云霄；早开的花，败落凋谢得必然很快；明白了这个道理，就可以避免因命运坎坷而产生满腹忧愁，可以消除急于求成的念头。

【原文】

二九九　树木至归根，而后知华萼枝叶之徒荣；人事至盖棺①，而后知子女玉帛之无益。

【注释】

①盖棺：指身故。

【译文】

树木到了枯死的时候，才能明白那鲜艳的花朵、茂盛的枝叶不过是一时荣华；人到死后进入棺材的时候，才知道身外之财物毫无用处。

【原文】

三〇〇　真空不空①，执相非真②，破相亦非真③，问世尊④如何发付？在世出世，徇⑤欲是苦，绝欲亦是苦，听吾侪⑥善自修持！

【注释】

①真空不空：真空，佛家语。佛教认为达到涅槃境界就离开了一切迷情所见之象，故曰真空。不空，因涅槃境界是超脱世间一切烦恼的清净境界，是对生死诸苦及其根源的彻底断灭。因为这个境界是绝对真实的，故曰不空。②执相非相：执，执着地看待一切事物。相，佛教把可以分别认识的一切现象称作相，又认为一切相都是虚幻不实的。③破相亦非真：相，此处指『实相』，意谓宇宙万有之本体。它是真实的，永远不变的。④世尊：世间最尊贵的圣者，指佛家对释迦牟尼的尊称。⑤徇：追求，谋求。⑥侪：等辈，同类人。

【译文】

佛教所称的真空其实并不空，世人所追求尘俗的物欲人情其实并不真。把实相看作虚幻不实，这种观点也是不真实的。不知佛祖是如何看待这个问题的？生活在世间，又想摆脱世俗的束缚，寻求物欲很痛苦，断绝一切欲望也很痛苦，如何应付就只能凭我们自己的修行了。

【原文】

三〇一　烈士①让千乘，贪夫争一文，人品星渊②也，而好名不殊好利；天子营国家，乞人号饔飧③，分位霄壤也，而焦思何异焦声？

【注释】

①烈士：有抱负、志向高远的人。②星渊：犹天渊，喻差别大。下文『霄壤』同义。③饔飧：饔，早饭。飧，请人用餐。

【译文】

胸怀大志的人可以把千乘之国拱手让人，而贪婪的小人为一文钱也要争个你死我活，从人品上说，二者有天壤之别，但喜好礼让与喜好财利在本质上并无两样；天子管理国家，乞丐沿街叫喊讨饭，就其地位而言有天壤之别。但当皇帝的苦心焦虑，当乞丐的嘶声乞讨，就其焦虑来讲，两者有多少差别呢？

【原文】

三〇二　饱谙世味，一任覆雨翻云，总慵①开眼；会尽人情，随教呼牛唤马，只是点头。

【注释】

①慵：懒得。

【译文】

饱经风霜、看够了世态炎凉的人，任凭人世间的风云变幻反复无常，都懒得睁眼过问其中的是非；见多识广、对人情冷暖了如指掌的人，对于世间毁誉无动于衷。

【品读】

《菜根谭》说到两种人，一种人饱谙世事，所以任风雨翻覆也不过问；另一种人，看透人世的沧桑，不管富贵贫贱，也不过一味点头。其实，这两种人的处世态度可以归为一处，那就是从容处事，淡然观世。

在面临风雨时很多人都匆忙奔跑，而总有些人会淡然安定地欣赏雨景。这些人其实深谙从容的生活智慧。从容淡定是一种大境界，别人都在杞人忧天、慌不择路，只有看透的人镇定从容。

宋太宗御驾亲征北汉，北汉皇帝刘继元走投无路，只好投降。面对这巨大的胜利，宋太宗十分自得。他又主张乘胜伐辽，收回被辽占据的燕云十六州。宋朝大将潘美反对此议：『我军大胜，此刻也不能志得意满，轻敌冒进。眼下尚需稳定形势，士卒也需休整。』

总侍卫崔翰大声反对：『此乃天赐良机，岂可轻易放弃呢？陛下进兵之举甚合民心，必群起响应。我军又是得胜之师，伐辽必有胜算。』

宋太宗本求胜心切，遂大举北进。宋军快到高粱河时，遭到辽军的伏击，损失惨重，宋太宗也不知去向。

当时，宋太祖赵匡胤的长子、武功郡王赵德昭也随宋太宗亲征。他手下的将领猜测宋太宗不是被杀，就是被俘，于是私下商议立赵德昭为帝。众将领面劝赵德昭道：『如今军心不稳，大敌当前，大王如不当机立断，承继大统，恐怕变乱不止。恭请大王迅速登上帝位，号召天下。』

赵德昭面对众将拥立，一时心动。宋太祖赵匡胤去世时，没有把皇位传给自己的儿子赵德昭，却遵循母亲的遗命，让弟弟赵匡义做了皇帝。这件事情曾让赵德昭心情不快。

赵德昭的一位亲信劝他不可这样：『事已至此，只要大王参透荣辱，顺天应命，也不会感到做个逍遥亲王有什么不快。』

赵德昭是聪明之人，不觉为自己先前的失误暗自叫险。自此，他天天纵歌饮酒，对宋太宗又是极其恭敬，宋太宗对他并不怀疑，君臣相安无事。

今日面对此变，赵德昭心里千肠百转。他思忖这件事关系太大，万不可因贪求帝位而犯下致命之祸。太宗虽失踪，终究不能肯定已蒙难，如果自己轻率即位，太宗又没死，太宗自是不能放过他，如此自己连性命都将不保。

赵德昭越想越怕，决定慎重行事。『皇上生死未明，大敌在侧，你们不思报国杀敌，却在这胡言乱语，动摇军心，这是忠臣所为吗？我是皇上的臣子，誓死效忠皇上，岂能受你们唆使，干下这大逆不道之事？你们真是昏了头了！』众将本想跟着赵德昭飞黄腾达，没想到赵德昭却出言训斥，他们都瞠目结舌，不知如何应对。

赵德昭为了安抚众将，又低声说：『你们的好意我心领了，我岂能趁皇上在危难之时而行其私呢？倘若皇上真的遭遇不幸，为了宋室江山，我还是不会令各位失望的。』

众将气消，皆服其义。第二天早上，宋太宗被杨业父子救回，安然无恙，众将又深服赵德昭未卜先知之明。

不管过去的一切多么痛苦、多么顽固，把它们抛到九霄云外。不要让担忧、恐惧、焦虑和遗憾消耗你的精力。要主宰自己，做自己的主人，只有做到了平平淡淡、从从容容，方能心态平和，恬然自得，达观进取，笑看风云。

先贤一再强调心态平和，尤其是自鸣得意，高兴过头之时，或遭凶险。不能只看到眼前的一点收获就骄傲自满、得意忘形。做人要学会宠辱不惊，得意之时不忘形，失败则继续努力，无论怎样，都应泰然处之，从容淡定地面对人生。

【原文】

三〇三 **今人专求无念，而念终不可无，只是前念不滞，后念不迎，但将现在的随缘打发出去，自然渐渐入无。**

【译文】

现在的人总想做到内心清静没有杂念，却总也做不到，其实只要把已经过去的事忘记，对以后的事不要预先去考虑，集中心思应付当前的事就好了。能够做到这一点，自然就会慢慢进入清静境界。

【原文】

三〇四 **意所偶会，便成佳境，物出天然，才见真机，若加一分调停布置，趣味便减矣。白氏[1]云：『意随无事适，风逐自然清。』有味哉！其言之也。**

【注释】

①白氏：指唐代诗人白居易。

【译文】

无意之中如愿以偿，就是最佳境界；事物只有保持本来的自然状态，才能体现大自然的玄妙神奇。假如加上一分人工的修饰，就大大减少了天然趣味。所以白居易说：『人清静无为时，自然很安闲，随着自然界的风吹起，才感到清爽。』这真是值得玩味的至理名言啊！

【原文】

三〇五 **性天澄澈①，即饥餐渴饮，无非康济身心；心地沉迷，纵谈禅演偈，总是播弄精魂。**

【注释】

①澄澈：明白了悟。

【译文】

天性纯真、大彻大悟的人，饿了就吃，渴了就喝，全都为保持自己的身心健康；沉迷于世俗名利的人，即便每天诵经谈禅，也只能是空耗精神，于事无补。

【品读】

唐代时，有参学禅法的僧人不远千里来到河北赵州观音院（今柏林禅寺）。早饭后，他来到赵州禅师身前，向他请教：『禅师，我刚刚开始寺院生活，请您指导我什么是禅？』

赵州问：『你吃粥了吗？』

僧人答：『吃粥了。』

赵州说：『那就洗钵去吧！』

在赵州禅师的话语之中，这位僧人有所省悟。赵州的『洗钵去』，指示参禅者要用心体会禅法的奥妙之处，必须不离日常生活。这些日常的喝茶吃饭与禅宗的精神没有丝毫的背离。

从前有一个老头和一个小孩生活在一起，奇怪的是，这个老头从来不教孩子各种礼仪和做人的道理，只是让他自然而然健康地成长。

有一天，一个云游四方的僧人在老头的家中借宿，见孩子什么也不懂，于是教了他很多礼仪。

孩子很聪明，很快就学会了。晚上，孩子见老者从外面回来，于是恭敬地走上前去问安。老者十分惊讶，就问孩子：『是谁教给你的这些东西？』

孩子如实回答：『是今天来的那个和尚教我的。』

老者马上找到和尚，责备说：『和尚你四处云游，修的是什么心性啊？这孩子被我捡来养了两三年，幸好保持了他一片天真可爱的本心，谁知道一下子就被你破坏了！拿起你的行李快出去吧，我家不欢迎你！』

当时已经是傍晚了，还下着淅沥的小雨，但是生气的老者还是将和尚赶走了。

有人请教大龙禅师：『有形的东西一定会消失，世上有永恒不变的真理吗？』大龙禅师回答：『山花开似锦，涧水湛如蓝。』多么美妙的一幅山水画啊！山上开的花，美得像锦缎似的，转眼即会凋谢，仍绽放；溪流深处的水，映着蓝天的景色，溪面却静止不动。

守住自己的本来面目，让自己的个性在岁月中自然流露，无论为文、为诗、为画，都是一种天然情趣，都会有一种生命独特的美丽。

【原文】

三〇六　人心有个真境，非丝非竹而自恬愉，不烟不茗而自清芬，须念净境空，虑忘形释[1]，才得以游衍[2]其中。

【注释】

①虑忘形释：忘去思虑，舒散形体。②游衍：肆意游乐。

【译文】

人的内心有一种境界，不需要美妙音乐就会自然感到舒适愉快，不需要烹茶就能使满室飘香。只要无欲无念、意境超然，就会忘却烦恼、超脱形骸，从而能够自在地游于这种境界之中。

【原文】

三〇七　金自矿出，玉从石出，非幻无以求真；道得酒中，仙遇花里，虽雅不能离俗。

【译文】

黄金从矿山里挖出，美玉从璞石中剖出，可见没有经历就不能得到真悟；道理是从开怀畅饮中悟出来的，神仙也许能在世俗之所邂逅，可见即便是高雅之事也出自于世俗之事。

【原文】

三〇八　天地中万物，人伦[1]中万情，世界中万事，以俗眼观，纷纷各异，以道眼观，种种是常，

何烦分别？何用取舍？

【注释】

①人伦：人与人之间的关系。

【译文】

自然界的万物，人与人之间的关系，世上的每件事情，如果用世俗的眼光去观察，这些都各不相同，如果用超越世俗的眼光去观察，它们的本质是一样的，因此无须对其加以分别和取舍。

【品读】

凡夫俗子眼中的世界是有差别的，超越世俗的圣人视万物无差别。这是因为凡夫俗子用俗眼观物，而圣人则用『道眼』观物。所谓『道眼』可以理解为平常心。平常心是一种生活的大智慧，是踏踏实实行走在生命路途上诚挚的热情。有句话说得好：人生自守，枯荣勿念。对每个人来说，得志与失意在所难免，不妨以一颗平常心来对待，不必在意那么多的得与失。

世间万物本来一样，无高低贵贱之分，枯荣也只是草木的一种形态，无好坏之分，人与人之间皆是平等的，并没有贵人、普通人之分。因此，我们在面对『荣枯』人生时，也应该抱着一颗平常心，如此，世间的事物也将变得更加美好持久。

土地转化了粪便的性质，人的心灵则可以转化苦闷与失意的流向。在这转化中，每一场沧桑都成了唇间的美酒，每一道沟坎都成了诗句的源泉。

对于人而言，如果把失意只视为失意，那它只会让我们变得更加苦闷。但是如果让它与我们的精神世界里最广阔的那片土地结合，它就会成为一种宝贵的营养，让我们在失意的时候也能感受到生命的希望，最终如凤凰涅槃体会到人生的甘甜和美好。

有时人们之所以不能以平常心对待世间万物，皆因他们的内心抱有『差异心』。世界上没有两片完全相同的树叶，更不会只存在一种树木、一类植物，这就是世间万物的差异性，世界本因差异而精彩，因为差异而进步。然而世间万物又是一个整体，虽然存在着巨大的差异，但是本质上依然相同。

人与人之间也有着众多的差异，如生活背景、生活方式、个性、价值观等的差异。如何在差异中寻找平衡点？如何做到相互包容、求同存异、真诚相对？需要的只是一颗平常心。

无论是贫贱、荣辱、得势失势，到头来，终究是一场空。去掉差别心，去掉有色的眼镜，以平等的心态对待人和事，于是，一颗心变得平和了，变得开阔了。

面对『枯荣』人生，成败与得失纷纷扰扰，我们不妨随常以待，以一颗平常心看尽世间万物。

【原文】

三〇九　神酣布被窝中，得天地冲和之气；味足藜羹饭后，识人生淡泊之真。

【译文】

睡在布被中也精神充实的人，才可得到大自然的谦和之气；粗茶淡饭吃得香的人，才会领悟生活在淡泊宁静之中的快乐。

【原文】

三一〇 缠脱①只在自心，心了，则屠肆、糟廛②居然净土。不然，纵一琴一鹤，一花一卉，嗜好虽清，魔障终在。语云：『能休尘境为真境；未了僧家是俗家。』③信夫！

【注释】

①缠脱：束缚和解脱。②屠肆糟廛：肉店、造酒坊。③『能休』句：出自宋邵雍《伊川击壤集·十三日游上寺及黄涧》。

【译文】

一个人能否摆脱世俗利欲的缠扰，完全取决于自己的心性，内心清净，即使生活在肉店酒坊也觉得是洁净之地。否则，即使成天抚琴弄鹤，养花种草，爱好虽然淡雅，苦恼也会困扰。所以佛家说：『能做到心中清净，则世俗之地可变为佛家真境，不能了心，即使是出家之人也还是俗人一个。』这诚然是一句至理名言。

【原文】

三一一 斗室中，万虑都捐①，说甚画栋飞云、珠帘卷雨；三杯后，一真自得，唯知素琴横月、短笛吟风。

【注释】

①捐：丢弃。

【译文】

身处狭小的居室，把一切忧愁烦恼全都抛到脑后，还管什么雕梁画栋、珠帘轻卷的豪华殿堂，全都不值一提；三杯老酒下肚后，便不由得真情流露，只知月光下轻拨琴弦、临风吹笛，自有一番雅趣。

【原文】

三一二　万籁寂寥中，忽闻一鸟弄声，便唤起许多幽趣；万卉摧剥后，忽见一枝擢秀，便触动无限生机。可见天性未常枯槁，机神最易触发。

【译文】

当大自然归于寂静之时，忽然听到一只小鸟在叫，就会引起雅趣；当各种花草枯死凋谢一片萧条之时，忽然看见一株花草屹立无恙，马上会给荒凉的原野增添无限生机，令人精神振奋。可见万物的本性并不会消灭，遇到外景的刺激，随时会焕发生命的活力。

【品读】

有一次，石屋和尚和一个偶遇的青年男子结伴同行。天黑了，那个男子邀请石屋和尚去他家过夜，便说道：『天色已晚，不如在我家过夜，明日一早再行赶路。』

石屋和尚向他道谢，与他一同来到了他家。半夜的时候，石屋和尚听见有人蹑手蹑脚地来到了他的屋子里，便大喝一声：『谁？』

那人被吓得跪在地上，石屋和尚揭去他脸上蒙着的黑布一看，原来是白天和他同行的青年男子。

『怎么是你？哦，我知道了，原来你留我过夜是为了钱财！我没有多少钱，你要干就去干大买卖！』

那男子说道：『原来是同道中人！你能教我怎么干大买卖吗？』他态度恳切，虔诚。

石屋和尚看他这样，慢腾腾地说道：『可惜呀！你放着终生享用不尽的东西不去学，却来做这样的小买卖。这种终生享用不尽的东西，你想要吗？』

『这种终生享用不尽的东西在哪里？』

石屋和尚突然紧紧抓住男子的衣襟，厉声喝道：『它就在你的怀里，你却不知道，身怀宝藏却自甘堕落，枉费了父母给你的身子！』

一语惊醒梦中人，这个人从此改邪归正，并在不久之后遁入空门，后来入了禅门成为一名著名的禅僧。

每一个人在他的生命之中，总会失去一些东西，例如权势和金钱，但是总有一种东西是始终伴随我们的，就是我们的自性。

在万物寂静无声的时候，忽然听见一鸟儿鸣叫，则会唤起幽情雅趣；当花草凋谢枯败后，忽然看见一株花草挺拔怒放，便会触动心灵产生无限生机。《菜根谭》用最常见的事情向我们阐述了一个深刻的道理，即再小的生命亦有其灵性所在，因此，自性应该被发现、被珍惜，更应该被用来不断激发生命的机趣。

有这样一个青年，从小家境富有，接受了良好的教育，在各方面都有潜能，成绩也不错，几乎可以称得上是一个全面发展的人。可是，他对自己的成功之路充满迷茫。他喜欢运动，却没有吃苦锻炼的勇气和毅力，因此当不了运动员。他发表过不少作品，可他根本静不下心写一部有分量的著作，成为一名真正的作家。

于是，他的兴趣变化不断，似乎很多领域都有涉猎，却没有专长。他根本不知道自己最适合做什么，也不清楚自己准备成为什么样的人。

这个青年的内心充满期待，也充满矛盾。他想好好地认识自我，然后选择符合他的发展方向，同时也想尽可能地尝试更多更好的东西，发现自己的兴趣，挖掘自己的潜能，找到最适合自己发展的道路。可是人生那么多路，每条都走一段的话，未尝不是一件浪费时间的事。

青年的问题复杂也简单，归结到一点就四个字：『自知之明』。

所以如果我们想过自己喜欢的生活，就必须先真正看清自己，看清自己的本来面目，看清我们心里真正想要的未来，只有这样我们才能充满自信和活力地去生活、去奋斗，也只有这样的人生才不是违背本心的人生。所以少花些心力逐名利，多花些时间和自己交谈，才不会给自己留有遗憾。

【原文】

三一三　白氏云：『不如放身心，冥然任天造。』晁氏①云：『不如收身心，凝然归寂定。』放者流为猖狂，收者入于枯寂。唯善操心者，把柄在手，收放自如。

【注释】

①晁氏：指北宋时期著名文学家晁补之。

【译文】

白居易说：『不如放任自己的身心，一切听天由命。』而宋代的晁补之却说：『不如约束身心，使意念专注，达到坚定不移的状态。』其实，对身心不加约束很容易导致狂放不羁，而约束太紧又容易走向枯燥单调和古板冷漠。只有善于把持自己身心的人，才能牢牢掌握自己的思想和行动，做到宽严适度，使身心收放自如。

【原文】

三一四 当雪夜月天，心境便尔澄澈，遇春风和气，意界亦自冲融。造化人心，混合无间。

【译文】

在白雪落地、皓月当空的夜晚，人的心境也会觉得清爽明净；遇到春风拂面、天气晴好的日子，人的内心也会感到暖融融的，格外舒畅。可见大自然和心灵是浑然一体的。

【原文】

三一五 文以拙进，道以拙成，一『拙』字有无限意味。如桃源犬吠，桑间鸡鸣，何等淳庞①！至于寒潭之月，古木之鸦，工巧中便觉有衰飒②气象矣。

【注释】

①淳庞：醇厚。②衰飒：衰落萧条。

【译文】

写文章要『拙』，养成朴实无华的文风才能有大长进；学道要修得拙朴才能有大成功。一个『拙』字包含着很深的用意。就像陶渊明在《桃花源记》中所说的『阡陌相通，鸡犬相闻』，这是一幅多么古朴而又充满生命力的景象！至于清潭映月影，乌鸦在老树上悲鸣的情形，尽管看起来有些诗情画意，实则显出没落景象。

【品读】

『文以拙进，道以拙成』，一个『拙』字意味无穷。拙是一种处世的态度，踏实稳重，不事雕琢。反倒是那些卖弄工巧的人，透出不实之风。因此，《菜根谭》反对工巧，提倡『拙』的处事态度。但是，世人常因自己的聪明才智而自命不凡，投机取巧，最后葬送了自己的前途。

古人云：『且以巧斗力者，始乎阳，常卒乎阴，泰至则多奇巧。』一个人如果总是以『机心』去对待身边的人和事，迟早会遭到别人的打击报复。即使别人一时报复不了你，你也会谋划保护自己的各种措施，以致劳神伤心。如果你想要得的东西始终得不到，又会陷入欲望不能满足的泥潭中。用这样的机心去对待身边的事物，往往得不偿失，让人抱憾一生。

有一对夫妻开了家烧酒店。丈夫是个老实人，为人真诚、热情，烧制的酒也好，人称『小茅台』。有道是『酒香不怕巷子深』，一传十，十传百，烧酒店生意兴隆，常常是供不应求。看到生意如此之好，夫妻俩便决定把挣来的钱投进去，再添置一台烧酒设备，扩大生产规模，增加酒的产量。这样，一可满足顾客需求，二可增加收入，早日致富。

这天，丈夫外出购买设备，临行之前，把烧酒店的事都交给了妻子，叮嘱妻子一定要善待每一位顾客，诚实经营，不要与顾客发生争吵……

一个月以后，丈夫外出归来。妻子一见丈夫，便按捺不住内心的激动，神秘兮兮地说：『这几天，我可知道了做生意的秘诀，像你那样永远发不了财。』丈夫一脸愕然，不解地说：『做生意靠的是信誉，咱家烧的酒好，卖的量足，价钱合理，所以大伙才愿意买咱家的酒，除此之外还能有什么秘诀？』

妻子听后，用手指着丈夫的头，自作聪明地说：『你这榆木脑袋，现在谁还像你这样做生意。你知道吗，这几天我赚的钱比过去一个月挣得还多。秘诀就是，我往酒里兑了水。』丈夫一听，肺都要气炸了，他没想到，妻子竟然会往酒里兑水，他冲着妻子大吼了一句，就把屋内剩下的酒全部都倒掉了。他知道妻子这种坑害顾客的行为，将他们苦心经营的烧酒店的牌子砸了，他知道这意味着什么。

从那以后，尽管丈夫想了许多办法，竭力挽回妻子给烧酒店信誉所带来的损害，可『酒里兑水』这件事还是被顾客发现了，烧酒店的生意日渐冷清，后来不得不关门停业了。

一时的机心自用，不仅使得自家的信誉一去不返，还毁了夫妻二人的平静生活，烧酒店最终的停业无疑是在为妻子的一时贪图埋单。

纵观古往今来，不少人都是因为处世用尽心机，结果不但身心反为之所累，甚至因此招来杀身之祸。苏东坡在《洗儿》一诗中这样写：『人皆养子望聪明，我被聪明误一生。唯愿孩儿愚且鲁，无灾无难到公卿。』

【原文】

三一六　以我转①物者，得固不喜，失亦不忧，天地尽属逍遥；以物役我者，逆固生憎，顺亦生爱，一毛便生缠缚②。

【注释】

①转：控制，支配。②缠缚：困扰。

【译文】

心胸开阔的人，得到了不觉得高兴，失去了也不会忧愁，大地广阔可以任游自在；而受物欲奴役的人，遭遇逆境之时心中产生怨恨，处于顺境之时又生恋栈之心，鸡毛蒜皮的小事也会使其身心受到困扰。

【原文】

三一七

理寂则事寂，遣事执理者，似去影留形；心空则境空，去境存心者，如聚膻却蚋。

【译文】

真理无存，事物荡然无存，人如果企图排除现象而执着于道理，那就好比把形体留下来，却想把影子赶走一样，可笑之极；内心空虚，感觉环境也跟着变化，排除环境的干扰而想内心清静的人，就如同聚了一堆腥膻之物而要赶走苍蝇一样，愚蠢透顶。

【品读】

默雷禅师有个叫东阳的小徒弟。

这位小徒弟看到师兄们每天早晚都分别到大师的房中参禅，于是他也请求师父指点。『等等吧，你的年纪太小了。』但东阳坚持要参禅，大师也就同意了。

到了晚上参禅的时候，东阳恭恭敬敬地磕了三个头，然后在师父的旁边坐下。

『你可以听到两只手掌相击的声音，』默雷微微含笑地说道，『现在，你去听一只手的声音。』

东阳鞠了一躬，返回寝室后，专心致志地用心参禅。

一阵轻妙的音乐从窗口飘入。『啊，有了，』他叫道，『我会了！』

第二天早晨，当他的老师要他举示只手之声时，他便演奏了艺妓的那种音乐。

『不是，不是，』默雷说道，『那并不是只手之声，只手之声你根本就没有听到。』

东阳把住处搬到了一个僻静的地方。

这里万籁俱寂。『什么是只手之声呢？』思量之间，他忽然听到了滴水的声音。『我终于明白什么是只手之声了。』东阳在心里说道。

于是他再度来到师父的面前，模拟了滴水之声。

『那是滴水之声，不是只手之声。再参！』

东阳继续打坐，谛听只手之声，毫无所得。

他听到风的鸣声，也被否定了；他又听到猫头鹰的叫声，但也被驳回了。

只手之声也不是蝉鸣声、叶落声……

东阳往默雷那里一连跑了十多次，每次各以一种不同的声音提出应对，都未获认可。到底什么是只手之声呢？他想了近一年的时间，始终找不出答案。

最后，东阳终于进入了真正的禅定而超越了一切声音。他后来谈自己的体会说：『我再也不东想西想了，因此，我终于达到了无声之声的境地。』

东阳已经「听」到只手之声了。

一旦仔细去聆听那「只手之声」，人就踏上了心灵的解脱之旅。内心丰富，却亦可呈现一种空无的状态，东阳在「无声之声」的「空无」中体验到了「富有」。

茶杯空了才能装茶，口袋空了才能放得下钱。人不空就不能有更多的空间给自己加重。

【原文】

三一八 幽人清事总在自适，故酒以不劝为欢，棋以不争为胜，笛以无腔为适，琴以无弦为高，会以不期约为真率，客以不迎送为坦夷①，若一牵文泥迹，便落尘世苦海矣！

【注释】

①坦夷：坦率平易。

【译文】

一个隐居的人，内心清净而俗事又少，一切只求适应本性。因此，饮酒以自适为快乐，下棋以不争胜负为好，吹笛子不讲究调门，弹琴不讲求声音；美妙的旋律要靠心灵才能感受得到。与朋友相会，不必约定时间，不期而遇最见真情。宾客来去自便，以不迎送为诚恳自然。如果受到人情世故的约束，就会堕入尘世的苦海之中难以自拔。

【原文】

三一九　试思未生之前有何象貌，又思既死之后作何景色，则万念灰冷，一性寂然，自可超物外而游象先①。

【注释】

①象先：『道』的一种境界，语出《老子》：『吾不知其谁之子也，象帝之先。』

【译文】

把生死看透，只要够保持纯真本性，自然能超脱物外遨游天地之间。

【原文】

三二〇　遇病而后思强之为宝，处乱而后思平之为福，非蚤①智也；倖福而先知其为祸之本，贪生而先知其为死之因，其卓见乎！

【注释】

①蚤：同『早』。

【译文】

得病之后才想到健康之宝贵，遭遇变乱之后才思念太平的幸福，这都不算有先见之明。能早早知道非分之福乃招祸之根，贪生怕死偏偏是早死之因，这才是具有远见卓识的人。

【原文】

三二一　优人[1]傅粉调朱，效妍丑于毫端[2]，俄而歌残场罢，妍丑何存？奕者争先竞后，较雌雄于着子，俄而局尽子收，雌雄安在？

【注释】

①优人：古代以乐舞、戏谑为业的艺人。②毫端：比喻极细微之处。

【译文】

演戏的人涂脂抹粉，扮美扮丑都在化妆笔上，可转眼间戏终人散，方才的美丑不复存在；下棋的人你来我往，杀得难解难分，非要一决胜负，但是转眼之间棋局完了，子收人散，方才的胜负又到哪里去了呢？

【原文】

三二二　风花之潇洒，雪月之空清，唯静者为之主；水木之荣枯，竹石之消长，独闲者操其权。

【译文】

迎风怒放的鲜花，是那么潇洒脱俗；雪海中的月光，是那样清冷明亮。这一切只有内心宁静的人，才能感受得到。水位的涨落、树木的繁荣和萧条，竹子和石头的变化，只有悠闲的人才能留心观察并以此为乐。

【原文】

三二三　田父野叟，语以黄鸡白酒则欣然喜，问以鼎食[1]则不知；语以缊袍裋褐[2]则油然乐，问以衮服[3]则不识。其天全，故其欲淡，此是人生第一个境界。

【注释】

①鼎食：吃饭时排列很多鼎，形容富贵人家豪华奢侈的生活。②缊袍裋褐：缊袍，以乱麻为絮的袍子，古为贫者所服。裋褐，粗陋布衣。③衮服：皇帝礼服的一种。

【译文】

那些村夫老农，当你同他们说起鸡、酒时，便津津乐道，而问起那些山珍海味，他们就茫然不知了；同他们说起布衣棉袍，便会流露欢乐之情，但一问到那些蟒袍玉带的富贵服饰，他们就一点不懂了。可见他们保持了纯朴本性，欲望少。这是人生第一等境界。

【原文】

三二四　心无其心，何有于观？释氏曰『观心』[1]者，重增其障；物本一物，何待于齐？庄生曰『齐物』[2]者，自剖其同。

【注释】

①观心：以观照己心来明心之本性称观心。②齐物：是春秋战国时老庄学派的一种哲学思想，认为宇宙间一切事物都应当被同等看待。

【译文】

心中不着心的相，哪里需要观心呢？佛家所说的『观心』，实际上增加了修行的障碍；天地万物本为一体，哪还用得着人为地去统一呢？庄子所说的『齐物』，实际上是将本来同一的事物强行分割了。

【原文】

三二五　笙歌正浓处，便自拂衣长往，羡达人撒手悬崖；更漏已残时，犹然夜行不休，笑俗士沉身苦海。

【译文】

歌舞看得兴味正浓时，能独自拂袖而去，这种能够放下一切的旷达胸怀真是令人羡慕；夜深人静的时候还在四处奔忙不肯停步，可笑这些凡夫俗子身陷苦海还不自知啊！

【品读】

痛苦源自执着心。对名利不执着，对权位不执着，对人我是非能放下，对情爱欲念能放下。放手之后，心灵将获得一片自由飞翔的广袤天空，在瞬间释放与舒展。其实，想要达到身轻心安的境界并不困难。只是不要过于执着，不要让自己过得那么辛苦，能够从容放下，那么自由畅快就在眼前。

国王出城巡游。他乘坐在高大的白象上，身边有一群随从围绕在身旁。途中，国王从远处看到一位白发苍苍的老人走了过来；他生怕这位老迈的长者受到惊吓，即吩咐身边的随从：『先停下来！停下来！』他想让老人能慢慢地安全走过去。

这位老迈的长者远远看到国王时，自己也稍微停了下。他望见随从的队伍也停下时，才放心地继续向前走。当长者慢慢地走到这群人的面前时，国王对着他进行轻声呼唤说：『老人家！看您白发苍苍，您今年高寿？』

老人仰头看着满脸慈祥的国王，展露天真的笑容，老人缓慢地伸出四个手指头对国王说：『我今年才四岁。』

国王听后很疑惑地说：『你四岁？』

老人看着国王的眼睛坚定地说：『对！我才四岁。因为，我在四年前过的是很糊涂、懵懂的人生，对于我来说那并不是真正的人生。后来我很幸运地得闻佛法，从此开悟，因为我受佛陀的教育才四年，现在也就是四岁！』

老人看着国王惊讶的表情继续说：『如今，我凡事都放得下，不再像以前一样盲目坚持，现在的我一心只想要施舍，在我有生之年尽力去付出。在这个过程中，我体会到付出后让人快乐对于我自己来说是一件多么值得欢喜的事情，不与人计较是如此的自在！由此，我总结了一下这几年的心得，那就是心无烦恼，才能身轻心安！这四年来，我过得逍遥自在，才明白这才是我想要的人生。所以，我真正会做人的年龄才四岁。』国王听了老人的话后若有所思，突然有所悟并欢喜地说：『老人家，你说得很对！人生确实要放得下、舍得付出，与人无争、与世无争，这才是最逍遥的人生。我真的很羡慕你！虽然你听闻佛法才四年，但这四年让你的人生已经变得很有价值了。』

人生若想过得逍遥自在，必须要有豁达宽广的心怀，学会看得开、放得下。把令我们沮丧的事放下，把心烦意乱的事放下，把那些坏心情放下，不要过分执着，以淡定从容自由轻松之心对待自己，对待生活。

行走于人世间，沟沟坎坎不可避免，事情的发展不会总是按照我们的主观意志进行。有时我们不妨换个想法，换个角度，调整一下态度，就能让自己有新的境遇，新的机会。

【原文】

三二六 把握未定，宜绝迹尘嚣①，使此心不见可欲②而不乱，以澄吾静体；操持既坚，又当混迹风尘③，使此心见可欲而亦不乱，以养吾圆机。

【注释】

①尘嚣：指人世间的烦扰、喧嚣。②不见可欲：《老子》：『不见可欲，使民心不乱。』③风尘：比喻世俗间的纷扰、污浊。

【译文】

当意志还不坚定、尚无把握之时，最好不要涉足喧嚣的尘世，使自己看不见种种诱惑，以保持自己纯洁朴实的本性。当意志坚定、可以自我控制之时，就应该将自己置身到尘世中去，接触那些引起人贪欲的东西，而内心保持坚定的信念，这样就能使自己的修养达到炉火纯青的境界，不管遇到什么困难都能应付自如。

【品读】

离尘嚣，可令心远离红尘欲念，即心不见可欲而不乱。但这只是心灵修行的第一步，更高的一层境界，是在尘世中慢慢修习到身心清静，这样学问修养可达到微妙玄通、深不可识的境界。

正像林语堂先生所认为的那样『城中的隐士才是最大的隐士』。这样的隐士『不必逃避人类社会和人生，但本性仍然能保持原有的快乐』。相比之下，那些有意逃避城市生活，到山中去过幽静生活的人，不过是二流的隐士。

那么，如何能够在尘世中慢慢修习自心，保持内在安静呢？一言以蔽之，即止水澄波。

一杯混浊的水，放着不动，时间久了，杂质自然沉淀，终至转浊为清，成为一杯清水。心如止水，由浊到静，由静到清，在混浊的状态下平静下来，慢慢稳定，使之臻于纯粹清明的地步，不容尘埃，亦没有金屑，纯清绝顶。儒家曾子在所著的《大学》中讲述修身养性时说『知止而后有定，定而后能静，静而后能虑，虑而后能得』，亦同此理。

侍郎白居易曾问广宽禅师：『既曰禅师，何以说法？』禅师说：『无上菩提者，被于身律，说于口为法，行于心为禅，本质是一样的。譬如江河湖海，名称虽然不一，水性却无二致。律即是法，法不离禅，为什么要起妄念加以分别？』白侍郎又问：『既无分别，何以修心？』禅师认真地回答：『心本来无损，为什么还要说修？不论好的念头还是不好的念头，要一念勿起。』白侍郎听了十分不解，问：『不好的念头当然不应该有，好的念头为什么也不要起？』广宽禅师微微一笑，说：『这好比人的眼睛，里面容不得沙子，同样也容不得金屑。』

心如止水，平静安详，任何念头都不存于心，一切顺其自然，就是最好的结局。

化茧成蝶是一个过程，如果靠人力帮助，非但不能成蝶反而会死亡。只有凭借自己的力量冲破茧的束缚，才能让双翼坚实有力，换来日后的翩翩起舞。自然的规律不可违背。

有一次苏东坡经过一条河，看到一座塔，叫僧伽塔。他听人说拜过这塔就会得到顺风，以后一路平安。

他拜了一拜，果然得到顺风，不由欣喜。许多年后，他已阅尽世情，通晓百态，再经过这条河，再看到这座塔，想起多年前的插曲，心境全然不同。这次他没有下拜乞风，只是写了一首诗《泗州僧伽塔》：『至人无心何厚薄，我自怀私欣所便。耕田欲雨刈欲晴，去得顺风来者怨。若使人人祷辄遂，告物应须日千变。我今身世两悠悠，去无所逐来无恋。』耕田的人要下雨，收割的人却要天晴。去的人得到顺风，同一时间要回来的人不是得到逆风了吗？一切尽随天意罢了。

【原文】

三二七　喜寂厌喧者，往往避人以求静，不知意在无人，便成我相，心着于静，便是动根。如何到得人我一视、动静两忘的境界？

【译文】

喜好清静、厌恶喧闹的人，往往躲到无人的地方去寻求安静。虽然内心是为了寻找无人的安静，但实际上已着了我相。内心执着于静，本身就是动。人我本为一体，动静相互关联，如不能忘却自我，只知一味强调宁静，又怎么能达到真正宁静的境界呢？

【原文】

三二八　山居胸次清洒，触物皆有佳思：见孤云野鹤而起超绝之想，遇石涧流泉而动澡雪之思，抚老桧寒梅而劲节挺立，侣沙鸥麋鹿而机心顿忘，若一走入尘寰，无论物不相关，即此身亦

属赘旒①矣。

【注释】

①赘旒：比喻实权旁落、为大臣挟持的君主。这里指身体被俗务所缠。

【译文】

隐居在深山老林能使人胸怀坦荡，看到什么事物都能引起高雅的思绪；看见无拘无束的孤云野鹤，就会引起超尘绝俗的观念；看到清澈的山泉冲击着洁白的山石，就会萌生清洗尘垢、净化灵魂的冲动；抚摸挺立的老松寒梅，便增添无穷的力量，变得坚贞不屈；常与沙鸥麋鹿为伴，便会把投机取巧的念头忘得干干净净。一走入世俗的环境中，不但那些自然景物会被忽视，连自己的身体也会被世俗的物欲纠缠。

【品读】

这段《菜根谭》为我们描述了一幅人于自然中怡然自得的情景。身处自然，总是会令人产生舒适之感，因为人的一切得之自然。

中国人历来强调因顺自然，人与自然应和谐一体。同时，反对人类把自己的意志强加于自然之上，对于自然的规律横加干涉和改变。

一些人过分地将财富的多少作为评判一个人成功与否的标准，似乎一个人占有的越多、越好，就越成功。一条鱼就足够吃了，何必要一桶？无谓的多占多得，只是想用『占有』来与他人对比罢了。因此，要摆脱外在的诱惑和负累，从这种占有的心态中退出，才能获得真正的自由。

说到此，或许你还记得伯夷与叔齐的故事。

伯夷是商末孤竹君的长子。当初，孤竹君打算让次子叔齐做自己的继承人。然而，孤竹君去世后，叔齐要让位于伯夷。伯夷认为这是违抗父亲的命令，于是跑到深山隐居起来，而叔齐也不肯继承王位，也跑去隐居了。

古希腊哲学家赫拉克利特的一生，极富传奇色彩。他的经历与伯夷如出一辙。赫拉克利特出身王族，本应继承王位的他，却将王位让给了兄弟，然后去隐居。有人认为，赫拉克利特正是把目光对准了自己的内心，成功地排除外部干扰，因此才潜入了灵魂的深处。那是一个人的本性真正存在的地方。

【原文】

三二九　兴逐时来，芳草中撒履闲行，野鸟忘机时作伴；景与心会，落花下披襟兀坐，白云无语漫相留。

【译文】

兴致来临时，何妨脱鞋在草地上漫步，连小鸟也毫不戒备地与你做伴；遇到会心之景，落花之下披衣独坐，白云静静飘荡，满含留恋之情。

【原文】

三三〇　人生福境祸区，皆念想造成，故释氏云：『利欲炽燃，即是火坑；贪爱沉溺，便为苦海；一念清静，烈焰成池；一念警觉，船登彼岸。』念头稍异，境界顿殊，可不慎哉？

【译文】

人生的祸福皆由心念所想而起，所以佛经上说：『利欲熏心，便会葬身欲望的火坑；贪婪之心强烈，便会堕入苦难的海洋；如果有一颗清净心，火坑就会变为平静的池水；只要有警觉心，那么便能脱离苦海。』可见想法稍有不同，人生境界就会不同，因此，所思所想必须慎重。

【原文】

三三一　**绳锯木断，水滴石穿，学道者须加力索；水到渠成，瓜熟蒂落，得道者一任天机①。**

【注释】

①一任天机：完全听任自然的发展。

【译文】

只要坚持不懈，绳索能锯断木头，水滴可以穿透坚石，做学问的人也要发扬这种精神，加倍努力才能成功；细水汇集自然形成河流，瓜果成熟自然脱落枝蔓，悟得大道的人要顺其自然。

【原文】

三三二　**机息时便有月到风来，不必苦海人世；心远处自无车尘马迹，何须痼疾①丘山。**

【注释】

①痼疾：指特殊的喜好。

【译文】

内心纯朴没有心计的人，就会有月到风来清新舒畅的感觉，而不必再为人间的烦恼而痛苦；内心清静没有杂念，自然就不会留意世俗的喧嚣，不必一定眷恋山野林泉的隐居生活。

【原文】

三三三　草木才零落，便露萌颖于根底；时序[1]虽凝寒，终回阳气于飞灰。肃杀之中，生生之意常为之，即此可以见天地之心。

【注释】

①时序：指时节。

【译文】

草木刚开始凋零，它的根端已露出尖尖的萌芽；隆冬时节寒凝大地，温暖的阳春即将到来。看似一片萧条死寂景象，其实却孕育着无限生机，由此可见上天化育万物的本心。

【原文】

三三四　雨余观山色，景象便觉新妍；夜静听钟声，音响尤为清越。

【译文】

雨后放晴时看那远处的山峦，就会觉得景色更加美丽；夜深人静时听那寺院的钟声，就会感到声音格外洪亮悠扬。

【原文】

三三五　**登高使人心旷，临流使人意远。读书于雨雪之夜，使人神清；舒啸①于丘阜之巅，使人兴迈。**

【注释】

①舒啸：放声长啸。

【译文】

登高远望令人心胸开阔，站在江河之畔常令人思绪飞扬。在下雨、飞雪的夜晚读书，令人神清气爽；在云雾腾绕的山顶引吭高歌，就会感到意气豪迈。

【原文】

三三六　**心旷则万钟如瓦缶，心隘则一发似车轮。**

【译文】

一个心胸豁达、为人慷慨的人，即使家财万贯，也将财富看得像一个瓦罐那么微不足道；一个心胸狭隘的人，将头发丝般的小事也会看得像车轮那么大。

【原文】

三三七 无风月花柳不成造化，无情欲嗜好不成心体。只以我转物，不以物役我，则嗜欲莫非天机，尘情即是理境矣。

【译文】

如果没有轻风明月、红花绿柳，就永不成大自然，假如人没有七情六欲、各种嗜好，就不是心理健康的人。重要的是让人来支配事物，而不能让物欲来左右人的行为。能做到这一点，那么人的嗜好和欲望就无不顺应天性，一切世俗情欲也都变得合理。

【原文】

三三八 就一身了一身者，方能以万物付万物；还天下于天下者，方能出世间于世间。

【译文】

能以自身的经历来领悟人生的人，才能使世间万物按自身的天性自由发展；能把天下还给天下万民的人，尽管生活在尘世，却有超凡脱俗的品德。

【原文】

三三九 人生太闲则别念窃生，太忙则真性不现。故士君子不可不抱身心之忧，亦不可不耽风月之趣。

【译文】

人生活在世上，过于悠闲则容易产生各种杂念，过于忙碌则会劳累不堪，就会丧失纯真的本性。所以高尚的人既不能无忧无虑、游手好闲，也不能不适当享受一下高雅闲适的乐趣。

【品读】

现代人总是忙个不停。为家，为事业，为理想。《菜根谭》劝导世人『太闲则别念窃生』，所以君子不可耽风月之趣。但是如果太忙则『真性不现』，因此在古人眼中，一个德行高尚的君子，不会让自己的身心过于疲倦。太忙了，只会让自己成为生活的奴隶。

鹿和马跑得都很快，只不过鹿在森林中，马在草原上，它们彼此均有亲切感，但是关系还仅限于偶尔碰面时打个招呼而已。既然双方都有成为朋友的心意，何不进一步发展彼此的关系呢？于是，鹿就邀请马到家里来

玩，马欣然同意了。

那是一个春日的午后，草原上吹着温馨的风，马踏入了森林。然而，刚进入森林马就后悔了。这里是和草原完全不同的世界，起初还不觉得怎么样，可是越往森林里面走，树木就越高大，绿叶也越来越茂密。树林的枝叶重重叠叠地遮蔽了天空，草原上那习以为常的高挂天空的太阳，在这里完全看不见。怀着不安的马，觉得只有灵敏的鹿才适合这座密林。

后来，人类邀请马与他们合作，马看到了人类的智慧和无尽的财富，被吸引了。有一天，人说：『其实你应该是世界上最快的，现在我们又能够提供给你丰盛的食物，如果你能够依照我们的方法去做，即使是在森林里，你也一定能够跑得赢鹿。』不知道为什么，马竟然答应了。人类利用可以让马吃饱为条件，堂堂正正地骑到了它的背上，一起进入森林里追赶、猎捕鹿。一场阴谋开始了。

被追得走投无路的鹿在疑惑之中，满怀着悲伤，对马露出悲哀和疑惑的神情。可是，此时的马被鞭打的疼痛和缰绳弄得头脑麻木，它或许根本就没有多余的精力去察觉鹿的变化。从那次狩猎结束之后，人类便把马的缰绳紧紧抓在手中了，他们喂养马，并把它们绑在专门建造的马厩里。

这便是『疲役』，为生命所奴役，一辈子都处于疲惫不堪的状态，找不到自己的归宿，怎能不感到悲哀？

有的人可以永远做自己生活的主人，而有的只能永远做自己生活的奴隶。你选择了什么样的人生道路，决定了你享有什么样的人生。无论你要选择什么、放弃什么，都要弄清楚这样做值得不值得。

【原文】

三四〇 人心多从动处失真。若一念不生，澄然静坐，云兴而悠然共逝，雨滴而冷然俱清，鸟啼而欣然有会，花落而潇然自得，何地非真境？何物无真机？

【译文】

人的心多因杂念而失去纯真本性。假如内心没有任何杂念，静坐凝思，当天边飘过白云，便仿佛自己也要乘云而去；雨滴打在身上，便觉得浑身清冷无比；听到鸟语就有一种喜悦的感觉；看到花瓣纷纷落下，内心便觉得非常清幽寂静而悠闲。可见，任何地方都有真正的妙境，任何事物都有真正的玄机。

【品读】

赵州禅师语录中有这样一则：

问：『白云自在时如何？』

师云：『争似春风处处闲！』

天边的白云什么时候才能逍遥自在呢？当它像那轻柔的春风一样，内心充满闲适，本性处于安静的状态，放下了世间的一切，就能逍遥自在了。

白云如此，人亦然。

宋朝的雪窦禅师喜欢云游四方。这天，禅师在淮水旁遇到了曾会学士。

曾会问道：『禅师，你去哪里啊？』

雪窦回答说：『不一定，也许去往钱塘，也许会到天台那里去看看。』

曾会建议道：『灵隐寺的住持延珊禅师和我交情甚笃，我给您写封介绍信，您带去交给他，他一定会好好招待您的。

于是雪窦禅师来到了灵隐寺，但他并没有把曾会的介绍信拿出来，而是潜身于普通僧众之中过了三年。

三年后，曾会奉命出使浙江，便到灵隐寺去找雪窦禅师，但寺僧告诉他说并不知道这个人。曾会不信，便自己到云水僧所住的僧房内，在一千多位僧众中找来找去，终于找到了雪窦禅师。曾会不解地问：『为什么您不去见住持而隐藏在这里呢？是我为您写的介绍信丢了吗？』雪窦禅师微笑着回答道：『不敢，不敢。我只是一个云水僧，一无所有，所以我不会做您的邮差的！』

说完拿出介绍信，原封不动地交给了曾会，两人相视而笑。曾会随即将雪窦引荐给住持延珊禅师，延珊禅师甚惜其才。

后来，苏州翠峰寺缺少住持，延珊禅师就推荐了雪窦。在那里，雪窦终成一代名僧。

雪窦禅师是清空了自己心灵的人。他清空了心灵里世俗生活积存下来的枯枝败叶。只有清空心灵，才能最大限度地获得生命的自由与独立；只有清空心灵，才能收获未来的光荣与辉煌；只有清空心灵，才能超出欲望的需求而追求品德的完善。清空心灵的时候，就是一个人做到无欲的时候，就是放弃了心中杂念的时候。

去除杂念，心静如水，人的天性便会出现。不求得心的平静，却一味追寻人的天性，那就像拨开波浪而去捞水中的月亮一样。『非宁静而无以致远。』诸葛武侯如是说。静是什么？是泰山崩于前而色不变的大胸襟，也是大觉悟。非丝非竹而自恬愉，非烟非茗而自清芬。

现代人品味了太多生活的紧张与焦灼，已很难品味到静的恬愉与清芬，人也渐渐变得浮躁起来，可是浮躁往往不利于事情的发展。因此，与其让浮躁影响我们正常的思维，不如放开胸怀，静下心来，默享生活的原味。

静，即不轻易起心动念。水流任急境常静，花落虽频意自闲。此心常在静处，荣辱得失，谁能差遣我？

【原文】

三四一　子生而母危，镪[1]积而盗窥，何喜非忧也？贫可以节用，病可以保身，何忧非喜也？故达人当顺逆一视，而欣戚两忘。

【注释】

①镪：钱串，引申为成串的钱，后多指银子或银锭。

【译文】

孩子出生时母亲要冒生命危险，钱财太多盗贼就会来骚扰，哪一样高兴的事中不包含着忧愁呢？家境贫穷可以养成节俭的美德；身患疾病可以学会养生的方法，可见值得忧虑的事也都伴随着欢乐。因此，心胸豁达的人把顺境和逆境看作是一样的，自然也就没有高兴和悲伤了。

【原文】

三四二　耳根似飙[1]谷投响，过而不留，则是非俱谢；心境如月池浸色，空而不着，则物我两忘。

【注释】

①飚：形容声势大，速度快。

【译文】

耳中听到任何事，要像大风吹过山谷，一阵呼啸过后什么都不留下，这样所有流言蜚语就都不起作用；心灵要像月光下的清潭，月光云影倒映其中却不能长驻，这样心中不装任何杂事，达到物我两忘的境界。

【原文】

三四三　世人为荣利缠缚，动曰尘世苦海，不知云白山青，川行石立，花迎鸟笑，谷答樵讴，世亦不尘，海亦不苦，彼自尘苦其心尔。

【译文】

世人被名利所困扰，动不动就抱怨人世间太纷乱，然而他们不知道，只要看淡名利不去追逐，回过头来欣赏白云笼罩下的青山翠谷，屹立在河水旁的奇岩怪石，迎风招展的花卉，欢快啼叫的鸟儿，以及渔人和樵夫的引吭高唱，就会发出会心的微笑。世间何处是苦海？完全是庸人欲念熏心、自讨苦吃罢了。

【品读】

昆仑山麓，水清草美。据说这一带出产一种快乐果，凡是得到这种果子的人，一定喜形于色，笑逐颜开，不知道烦恼为何物。

曾经有一个人，为了得到无尽的快乐，不惜跋山涉水，去找这种果子。他历尽千辛万苦，终于到了昆仑山麓。在险峻的山崖上，他找到了这种快乐果，却发现他并没有得到预想中的快乐，反而感到一种空虚和失落。

这天晚上，他在山上一位老人的屋中借宿，面对皎洁的月光，他发出了一声长长的叹息。

老人闻声而至，问他：『年轻人，什么事让你这样叹息呀？』

于是，他说出了心中的疑问：『为什么已经得到快乐果了，却没有得到快乐呢？』

老人一听就乐了，说：『其实，快乐果并非昆仑山才有，而是人人心中都有。只要你有快乐的根，无论走到天涯海角，都能够得到快乐。』

老人的话让这个年轻人顿觉精神一振，就又问：『什么是快乐的根呢？』

老人说：『心就是快乐的根。』

愚者虽然找到了快乐果，却没有找到快乐的根——心。他被自己的情绪所奴役，以为找到了快乐果就可以拥有快乐，而当快乐果没有带给他快乐时，又叹息不止。他完全被得失快乐果的心绪所主宰，而忘记了快乐由心而发。

『有些人累积金钱换取财富，智者累积快乐，与人分享仍取之不竭。』快乐是种子，它能生出更多的快乐。生活里有着许许多多美好的事物、许许多多的快乐，关键在于我们能不能发现。而要发现它，关键在于我们自己能否拥有乐观的态度。

这种态度，让我们即便身处逆境，也总能找到快乐的理由。比如，一个悲观主义者和一个乐观主义者一同在黄昏的路上散步，悲观主义者触景生情地说：太阳正在落下；乐观主义者则说：群星正在升起。

同一件事情，不同的人看会有不同的结果。事物客观存在、不会改变，改变的是人的心境，所谓『境由心生』便是这个道理。而『乐观之境』便是一种幸福境界。这种幸福不是财富、权力、地位等所能给予的，即使你贫穷、平凡，在别人看来一无所有，只要你能够主宰自己的情绪，让快乐做主，幸福便会由『心』而生。即使在生活中遭遇不幸，你也可以主宰自己的快乐，用乐观驱走不幸。

没有不快乐的人生，只有一颗不肯快乐的心灵。正是因为很多乐观的人都善于控制自己的情绪，乐观面对困境，才没有被困难压倒，用『心』为自己制造了一个幸福的天堂，让自己活在快乐之中。

很多人在生活中努力追求幸福，但追逐了一辈子，还是没能找到幸福的所在。因为他们把痛苦和不幸的标准放在别人的身上。如果只看到别人外在的幸福，就轻率地判断别人超越了自己的幸福，那么幸福将毫不犹豫地离你而去，很多人感觉不到幸福的原因正是在于盲目地悲叹自己的处境。

【原文】

三四四　花看半开，酒饮微醉，此中大有佳趣。若至烂漫酕醄[1]，便成恶境矣。履盈满者宜思之。

【注释】

①酕醄：大醉的样子。

【译文】

花卉以含苞待放最为美丽，喝酒以似醉非醉为最好，这里面很有趣味。如果鲜花怒放或喝得酩酊大醉，就不好了。事事如意、志得意满的人，对此应多想一想。

【原文】

三四五　山肴不受世间灌溉，野禽不受世间豢养，其味皆香而且冽，吾人能不为世法所点染，其臭味不迥然别乎？

【译文】

山间野菜不需要人去浇灌，野外的动物不需要人们去饲养，可是它们的味道都很鲜美。同样的道理，如果人们不受世俗习惯的污染，浑身也会透出清新自然的气息，与那些充满铜臭味的人大不相同。

【品读】

不施人工的山林蔬果，其味清香，不受世俗浸染的人，气质超然。超然，源自他们的心性，需抛弃自私自利的贪欲之心。如果人人皆能如此，便不会有作奸犯科的盗贼，即所谓的『绝巧弃利，盗贼无有』。

古人主张『绝仁弃义』，不以圣人为标榜，不以修行为口号，只要老老实实、规规矩矩做人，那便是真修道。

孔子在《论语》中说，『素』如一张白纸，毫不沾染任何颜色，人的思想观念要随时保持纯净无杂，即『不思善，不思恶』。个人拥有这种修养，人生一世便是最大的幸福；如果人人秉有这种生活态度，天下自然太平和谐。

大浪淘沙沙去尽，沙尽之时见真金，大多数人都在浮华过后才意识到本色的可贵。既然如此，不如质本洁来还洁去，不要让尘世浮华沾染了原本纯洁的心灵。

【原文】

三四六　栽花种竹，玩鹤观鱼，亦要有段自得处，若徒留连光景，玩弄物华，亦吾儒之口耳，释氏之顽空而已，有何佳趣？

【译文】

栽花种竹、养鹤赏鱼，要从中领略高雅的生活情趣。假如仅仅为了观赏景色，或者玩个新奇，那不过是儒家所说的『小人之学，耳入口出』，佛家所说的『只知诵经，不明佛理』而已，有什么真正的情趣呢？

【原文】

三四七　山林之士，清苦而逸趣自饶；农野之人，鄙略而天真浑具。若一失身市井驵侩，不若转死沟壑，神骨犹清。

【译文】

山林中的隐士，生活虽然清苦，却拥有很多的雅趣；农夫山野之人虽然孤陋寡闻，却不失纯朴的天真。一旦回到市井变成一个市侩，还不如死在荒郊保持清白的名声与尸骨。

【品读】

武器可以杀死人，却不能征服人心。真正能征服人心的，是道德。世间变幻莫测，唯有品格可立一生。品格是人生的桂冠和荣耀，它比财富更具威力，它是荣誉的保障。高尚的人品比其他任何东西都更能赢得他人的信任和尊敬。

品德的影响力是深而广、远而久的。即使隐居山林抑或埋名市井，高尚的品德、清洁的名誉也不会因环境的沉寂而被泯灭。但凡明智的人，都重视名誉。

某次孟子在去齐国的路上巧遇弟子充虞，师徒对话间，孟子一句『如欲平治天下，当今之世，舍我其谁也』如一股浩然正气奔涌而出，瞬间便『沛乎塞苍冥』。正是这股浩然正气使孟子不与混乱的现实环境妥协，始终坚持自己的理想和人格，恪守自己的道德操守。像孟子这样的圣人，并不是不懂得怎样去『阿世苟合』，向时代风气妥协，以便获取利益，而是不肯为也。坚守自己的良知，宁可为正义穷困受苦，也不愿苟且现实，追求那些功名富贵。这就是圣人。

世间既有这样以品格立身的人，也有受利欲驱使而陷于不义的人。那些品格低下的人，即使地位再高，权势再大，也不会赢得他人的尊重，甚至还会被人唾弃。

人的名誉如同信用，一旦做了有损名誉的事，信用之塔就会开始崩塌，整个人生都会被抹上污痕。就像秦桧，害人亦害己，就连和他同姓的人都因与他同姓而感羞耻。若能以高尚的品德为人生的底色，保持着清白的良心屹立在天地间，必然无愧亦无憾。

高尚品德的获得是一种内在的修为。正如梁漱溟先生在《人生的艺术》中写的：『创造……还有一种是外面不大容易看得出来的，在一个人生命上的创造。』

人们无法选择外在的生活环境，更无法揣摩时运的变化规律，但是人可以决定自己精神的高度和心性的去向。这需要个人不违道德、不失原则地求索。

孔子也曾说：『富而可求也，虽执鞭之士，吾亦为之；如不可求，从吾所好。』孔子所谓的求，不是『努力去做』的意思，而是『想办法』，如果是违反原则求来的，那是不可以的。国学大师南怀瑾先生指出，孔子认为一个人做什么并不重要，关键在于他能否坚持自己内心的良知，一个品性正直的人，无论在什么时候，都不会违背自己的良知。

【原文】

三四八　非分之福，无故之获，非造物之钩饵，即人世之机阱①，此处着眼不高，鲜不堕彼术中矣。

【注释】

①机阱：比喻陷害人的预谋和圈套。

【译文】

不是自己应得的福分，不是经过自己努力而获得的财物，这些要么是上天为诱人堕落而设下的钓饵，要么是别人用来暗算的陷阱。在这个时候，如果不站高一点看问题，很少能逃脱圈套。

【原文】

三四九　人生原是一傀儡，只要根蒂在手，一线不乱，卷舒自由，行止在我，一毫不受他人提掇①，便超出此场中矣。

【注释】

①提缀：牵上引下。

【译文】

人生就像一场木偶戏，只要能把牵引的线握好，主线不乱，就能进退自如，丝毫不受他人的操纵，能够做到这一点，便可超出人生游戏之外了。

【原文】

三五〇　一事起则一害生，故天下常以无事为福。读前人诗云：『劝君莫话封侯事，一将功成万骨枯。』又云：『天下常令万事平，匣中不惜千年死。』虽有雄心猛志，不觉化为冰霰矣。

【译文】

有事发生则有利弊相随。所以，人们常以天下无事视为自己的福气。前人曾说：『劝君不要谈封侯拜相之事，名将的战功是万人的头颅堆成的。』古人又说：『要想天下太平无事，只有把兵器收藏在仓库。』读了这些诗，就是再有雄心壮志、一腔热血也会马上化为冰水。

【原文】

三五一　淫奔之妇矫而为尼，热中之人激而入道，清净之门，常为淫邪之渊薮①如此。

【注释】

①渊薮：比喻人或事物集中的地方。

【译文】

与人私奔的妇人，常会改过自新而削发为尼；热衷于功名利禄的人，往往受人所激一气之下当了道士。本来是最讲清静的修行之地，反倒成为淫邪之徒聚集的地方了。

【原文】

三五二　波浪兼天，舟中不知惧，而舟外者寒心；猖狂骂座，席上不知警，而席外者咋舌。故君子虽在事中，心要超事外也。

【译文】

波浪滔天，翻江倒海，坐在船上的人并不感到害怕，而船外的人胆战心惊；当酒醉怒骂之时，同席一起喝醉的人见了并不吃惊，而席外的人却惊得目瞪口呆。因此，君子虽然身在事中，也要像局外人那样保持清醒的头脑。

【品读】

烦恼由心产生，但很多烦心事其实是庸人自扰，就像南怀瑾先生所说的那样——『无故寻愁觅恨』。每一桩小事的发生都可能导致心情的起伏；若不能在世事变幻中保持本心、不生妄念，那么再小的事情都可能给人带来烦恼。有的人遇到芝麻大的小事就会惊慌失措，有的人却能在滔天巨浪里保持镇定，这种天差地别的态度常常就决定了人生的不同走向。

白云守端禅师在方会禅师门下参禅，几年来都无法开悟。一天，方会禅师借着机会，在禅寺前的广场上和白云守端禅师闲谈。方会禅师问：『你还记得你的师父是怎么开悟的吗？』白云守端回答道：『我的师父是因为有一天跌了一跤才开悟的。悟道以后，他说了一首偈语：「我有明珠一颗，久被尘劳封锁，今朝尘尽光生，照破山河万朵。」』

方会禅师听完以后，大笑几声，径直而去。留下白云守端愣在当场，心想：『难道我说错了吗？为什么老师嘲笑我呢？』白云守端始终放不下方会禅师的笑声，几日来，饭也无心吃，睡梦中也经常会无端惊醒。他实在忍受不住，就前往请求老师明示。

方会禅师听他诉说了几日来的苦恼，意味深长地说：『你看过庙前那些表演猴把戏的小丑吗？小丑使出浑身解数，只是为了博取观众一笑。我那天对你一笑，你不但不喜欢，反而不思茶饭，梦寐难安。像你对外境这么认真的人，比一个表演猴把戏的小丑都不如，如何参透无心无相的禅呢？』

烦恼是无缘无故的风。无法保持平静淡定、对任何事都深思不已、纠缠不休的人，心湖就会被烦恼的风掀起波澜。人生若能从容淡定，即使身陷事中也超于事外，就会远离烦恼，体验另一种生命、另一番境界。有句话叫作『掬水月在手』，天上的月亮太高，以凡人的力量恐怕难以企及，但若能不执迷于如何触碰月亮，而是转换心境，掬一捧水，月亮美丽的脸就会笑在掌心。

淡定从容，应是我们对待事情的态度。

生活中总有不尽如人意的地方，关键在于怎样看待。有繁杂事情的人生才是最真实的，烦恼根本没有必要，淡定从容、妄念不生地对待纷扰的人生才是最舒坦的。

【原文】

三五三　人生减省一分，便超脱了一分，如交游减，便免纷扰，言语减，便寡愆尤，思虑减则精神不耗，聪明减则混沌可完。彼不求日减而求日增者，真桎梏此生哉。

【译文】

人生在世若能减少一点烦恼，就能多一分超脱。比如少一些交游往来，便可免去许多纷扰；少一些话语议论，便少犯许多过错；少一些焦思苦虑，便少耗费许多精神；少一些自作聪明，就能保持纯真的本性。那些不求每日能省一些事反而要增加一些事情来人，真是自己给自己戴上枷锁啊。

【品读】

人的一生难免会有许多欲望和追求。但是过多的不

必要的东西除了满足我们的虚荣心外，还有可能成为生活的负担。生命之舟需要轻载，人起初或许不懂这个道理，于是每走一步都给自己的人生增添负担。放不下欲望的包袱，怎么可能得到轻松的生活呢？

当你觉得生活不堪重负时不妨学会卸载，将自己的烦恼等包袱一一去掉，减去一些自己不需要的东西。有时候简单一点，人生或许会更加踏实。

懂得简单生活的人很善于做生活的减法，他们知道适时放下欲望的包袱。但是简单生活不是贫乏或缺少内容，而是繁华过后的一种觉醒，是一种去繁就简的境界。

有一次，哲学家带着他的学生来到一个山洞，打开了一座神秘的仓库。这个仓库装满了发出奇光异彩的宝贝。仔细一看，每件宝贝都刻着清晰可辨的字，有：骄傲、嫉妒、痛苦、烦恼、谦虚、正直、快乐……这些宝贝是那么漂亮，那么迷人。这时哲学家说话了：『孩子们，这些宝贝都是我积攒多年的，你们如果喜欢的话，就拿去吧！』

学生们见一件爱一件，抓起来就往口袋里装。可是，在回家的路上他们才发现，装满宝贝的口袋是那么沉重，没走多远，他们便感到气喘吁吁，两腿发软，脚步再也无法挪动。哲学家又开口了：『孩子们，还是丢掉一些宝贝吧，后面的路还很长呢！』『骄傲』丢掉了，『痛苦』丢掉了，『烦恼』也丢掉了……口袋虽然减轻了不少，但学生们还是感到很沉重，双腿依然像灌了铅似的。『孩子们，把你们的口袋再翻一翻，看看还有什么可以扔掉。』哲学家再次劝那些孩子们。学生们终于把最沉重的『名』和『利』也翻出来扔掉了，口袋里只剩下了『谦逊』『正直』『快乐』……一下子，他们有一种说不出的轻松和快乐。

故事中的哲学家所倡导的是一种去繁就简的人生，没有太多欲望的压迫，是一种简单而又纯粹的人生。

一个懂得简单生活的人会心无旁骛，并善于将可能引起忧思苦恼及妨碍行进的事物丢弃，不让它干扰自己的身心和脚步。用过电脑的朋友都知道在系统中安装的应用软件越多，电脑运行的速度就越慢；并且在电脑运行的过程中，还会有大量的垃圾文件、错误信息不断产生，若不及时清理，不仅仅影响电脑的运行速度，还会造成整个系统瘫痪。所以必须定期删除多余的软件，清理那些无用的垃圾文件，这样才能保证电脑的正常运转。我们的生活和电脑系统的情况十分类似，如果你想过一种简单快乐的生活，就不能背负太多不必要的包袱，要学会删繁就简。

生活其实很简单，就跟吃饭一样，把吃饭的问题搞明白了，也就把所有的问题都搞明白了。聪明者吃饭既不会点得太多，也不会点得太少，他知道能吃多少，就点多少，他能估计自己的食量；愚昧者则贪多求全、拼命点菜，什么菜贵点什么，什么菜怪点什么，等菜端上来时，即使勉强吃下也消化不了，反而伤害了自己的胃。

人的生命和精力都是有限的，不能把一切想要的东西收入囊中。欲望是填不满的沟壑，减省一分，超脱一分；减却一事，轻松一世，这未尝不是一种智慧的生活。

【原文】

三五四　天运之寒暑易避，人世之炎凉难除；人世之炎凉易除，吾心之冰炭难去。去得此中之冰炭，则满脸皆和气，自随地有春风矣。

【译文】

大自然的严寒和酷暑都容易躲过，而人世间的世态炎凉却难以去除。人世间的冷暖变化容易消除，只有那郁积在心中的爱和恨难以除去。假如能去除心中的爱憎之情，则会感到满脸和气，感觉到处都是和煦的春风，暖人心扉。

【原文】

三五五　茶不求精而壶也不燥，酒不求冽而樽也不空；素琴无弦而常调，短笛无腔而自适，纵难超越羲皇，亦可匹俦[1]嵇阮。

【注释】

①匹俦：相当的，同类。这里指相匹配，相比。

【译文】

喝茶不必一定要喝名茶，只要壶中常有茶，饮酒不一定非要十分清冽，只要保持酒壶经常不空；无弦之琴虽弹不出旋律，却足可调剂身心，无孔之笛虽然吹不出音调，却可使精神舒畅。一个人如能做到这样，那么纵然不像处在伏羲氏时代那么超凡脱俗，起码也和嵇康、阮籍一样逍遥自在。

【原文】

三五六　释氏随缘，吾儒素位，四字是渡海的浮囊[1]。盖世路茫茫，一念求全，则万绪纷起；

随遇而安，则无人不得矣。

【注释】

①浮囊：古代渡海人携带的防止溺水的气囊，用牛皮或羊皮制成。

【译文】

佛家主张『随缘』，即根据客观条件决定自己的行为；儒家主张『素位』，即安分守己。『随缘』和『素位』是渡过人生海洋的法宝。因为人世间的道路十分漫长曲折，如果始终抱着完美无缺的念头，那么种种头绪就会纷纷兴起。只有那些处于各种环境能安心的人，才会时时处处感到快乐。

【原文】

三五七　童子心虚而雉驯①，海翁机息而鸥下②。唯藏机挟诈之人，形神两相猜疑，肝胆自为胡越③，岂惟物不能动，抑且身自为仇。

【注释】

①『童子』句：汉鲁恭宰中牟，以德化民。时郡国螟蝗伤稼，独不入其境；有母雉将雏过童子旁，童子仁而不捕。事见《后汉书·鲁恭传》。后以『狎雉驯童』誉人政绩。②『海翁』句：《列子·黄帝》：『海上之人有好沤鸟者，每旦之海上，从沤鸟游，沤鸟之至者百住而不止。其父曰：「吾闻沤鸟从汝游，汝取来吾玩之。」明日之海上，沤鸟舞而不下也。』沤，同『鸥』。③胡越：胡地在北，越在南，比喻疏远隔绝，或对立关系。

【译文】

因为小孩子心地善良，所以野鸡比较驯服，放心地在其旁边走来走去；海翁停止玩弄的念头，海鸥自然会飞落下来。那些心机狡诈的人，互相猜疑，本来肝胆相照的朋友也疏远了，哪里只是外界不能随境遇而变呢，本来他们内心就存有怨恨。

【原文】

三五八　草木之芳菲，鱼鸟之飞跃，烟云风月之逸宕①而光霁，皆吾性的生机。若被尘劳羁锁，物欲翳障②，触目不见一点趣味，吾性亦索然槁矣！

【注释】

①逸宕：超脱而无拘束。②翳障：障蔽。

【译文】

花草树木芳香茂盛，鱼儿和鸟儿自由自在，明净的天空中，一切无拘无束，这些都是天性中蕴含的勃

勃的生命力。如果被世俗影响，被物欲蒙蔽了视野，眼前看不见一点有趣味的景物，天性也就会丧失了。

【原文】

三五九　世态有炎凉，而我无嗔喜；世味有浓淡，而我无欣厌。一毫不落世情窠臼①，便是一在世出世法也。

【注释】

①窠臼：比喻旧有的现成格式。

【译文】

世事人情有冷有暖，但是我对此不生气，也不欣喜；世间的滋味有浓有淡，但我没有喜欢、厌恶之分。为人处世一丝一毫也不落入世情的旧俗套中，就是一种在俗世间修行的途径。

【原文】

三六〇　宁为璞玉，毋为圭璋；宁为素丝，毋为黄裳。凡事不受人益，此心便与天游。

【译文】

宁愿做未经加工的玉，也不愿做那种贵重的礼玉；宁愿为白色的丝，也不愿做华美的衣裳。做事情的时候不受别人的好处，这样的话心灵就能像天一样广阔。

【原文】

三六一　人心一有粘滞，便鸿毛重若泰山。唯因物付物，洒然自得，则尧舜逊让不过三杯酒，汤武征诛真是一局棋矣。

【译文】

人的心灵一旦被俗物所羁绊，即使是很细微的事情也会变得重若泰山。做事心无旁骛，洒脱自然，那么尧、舜的帝位禅让真的不过是三杯酒，汤武讨伐纣王只是一局棋罢了。

【原文】

三六二　奔走风尘者，心冗意迫，百年恍若一瞬；栖迟泉石者，念息机闲，一日真如小年。

【译文】

在世间奔走操劳的人，劳心费力，这样的人经历百年也仿佛只是一瞬；寄情山水之间的人，心情悠然，一天就像一年那么充实。